指挥控制过程模糊表示与决策技术

赵鑫业 著

国防工业出版社

·北京·

内 容 简 介

未来战争是陆、海、空、天、电"五维一体化"的联合作战,是体系与体系之间的对抗,这种体系对抗的特点要求指挥控制过程具有高度自适应的能力。指挥控制过程的决策分析是一个较为复杂的问题,以往对于这种复杂科学的探讨性研究多是从宏观定性的角度进行分析,缺乏对复杂性、不确定性、不完备性决策要素的定量分析。本书在回顾指挥控制过程、模糊逻辑和模糊决策等相关概念的基础上,分析了运用模糊集理论研究指挥控制过程的必要性和可行性,将模糊集与模糊推理的方法与军事专家的经验决策结合,应用模糊集和模糊推理方法重点对指挥控制过程中涉及的不确定性信息进行知识表示,并在复杂战场态势环境下进行指挥控制模糊决策,进而为人在环上以及人在环外的指挥控制系统智能化设计提供科学化的理论方法和技术途径。涉及的关键技术包括模糊本体、模糊知识库、基于赋时影响网的模糊贝叶斯决策和模糊多准则群决策等,重点从表示和决策两个方面研究指挥控制过程模糊化处理方法。

图书在版编目(CIP)数据

指挥控制过程模糊表示与决策技术/赵鑫业著. —
北京:国防工业出版社,2023.9
ISBN 978—7—118—13074—4

Ⅰ.①指… Ⅱ.①赵… Ⅲ.①指挥控制—决策方法
Ⅳ.①E141.1

中国国家版本馆 CIP 数据核字(2023)第 196691 号

※

国防工业出版社出版发行
(北京市海淀区紫竹院南路 23 号 邮政编码 100048)
北京虎彩文化传播有限公司印刷
新华书店经售

*

开本 710×1000 1/16 插页 1 印张 9½ 字数 183 千字
2023 年 9 月第 1 版第 1 次印刷 印数 1—1000 册 定价 60.00 元

(本书如有印装错误,我社负责调换)

国防书店:(010)88540777   书店传真:(010)88540776
发行业务:(010)88540717   发行传真:(010)88540762

前　　言

未来战争是陆、海、空、天、电"五维一体化"的，是体系与体系之间的对抗，这种体系对抗的特点要求指挥控制过程具有高度自适应的能力。精确性和模糊性是指挥控制过程同时具有的两种特性。把握这两种特性，研究两者的辩证关系和在指挥控制过程中的作用，不仅可以深入了解指挥控制过程科学化的内在机制，理解指挥控制过程思维活动中的创造性，深入把握指挥控制过程的性质，而且对在现代高端战争的复杂条件下，正确地认识战争规律、指导战争、打赢战争具有重要意义。

传统的作战运筹分析主要采用精确约束、简化近似的手段来得到"精确结果"。但这种手段收到的"精确结果"，很难反映军事活动的本质，很难适应战场的实际需要和军事训练需要。因此，针对传统作战分析很难解决未来联合作战条件下以人为主导的复杂指挥控制过程问题，将模糊集合论应用到指挥控制过程领域，根据不完全、不精确或不确定的信息对指挥控制过程进行表示推理及决策，有效地处理了由于战场信息的模糊性所引起的不确定性问题，为指挥控制过程建模提供了新的思路和方法。

本书是一本研究指挥控制过程方面的基础性、综合性图书，涉及模糊集合理论、指挥控制过程模型、算法和工程实践的各个方面，既有理论方法的系统表述和严格论证，又有典型实例的验证分析，反映了作战模糊集合和指挥控制过程结合领域的新思想和新理论。可作为指挥控制领域研究人员的参考书，也可作为指挥控制相关专业的本科高年级学生的选修课教材。

本书是对作者近年来在指挥控制过程模糊表示与决策领域理论研究、系统开发和实践应用等方面工作的阶段性小结。在回顾指挥控制过程、介绍模糊逻辑和模糊决策等相关概念后，分析了运用模糊集理论研究指挥控制过程的必要性和可行性，提出并解决了当前一体化联合作战仿真迫切需要解决的指挥控制过程表示和决策框架设计的技术与方法问题，以期提高作战仿真技术的可信性和实用性。相对于之前的研究，本书在模糊逻辑表示推理和模糊决策理论及其理论成果在指挥控制过程表示与决策方面取得了较大的突破。

为兼顾读者的需求，本书进行了精心的安排。从结构上，共分为 7 章。

第 1 章介绍了本书的研究背景、研究问题、相关领域研究现状，以及组织结构等。

第 2 章首先对指挥控制过程的概念内涵、特点及复杂性进行深入分析，接着分析了指挥控制过程表示与决策方法的模糊化建模需求，并对涉及的关键技术进行了重点研究，进而提出了指挥控制过程模糊表示与决策方法的求解框架。

第 3 章提出了基于模糊本体的指挥控制过程语义表示方法。首先设计了一种新的模糊描述逻辑 $L-SHOIN$，并在此基础上提出了基于 $L-SHOIN$ 的 OWL 模糊扩展 FOWL。其次面向 FOWL 设计了指挥控制过程模糊本体，并开发了指挥控制过程模糊本体语义验证方法，包括基于模糊描述逻辑和 f−SWRL 的检验方法。

第 4 章讨论指挥控制过程模糊知识库构建方法。通过对 BOM 的指挥控制过程模糊本体的语义附加，设计了基于 BOM 的联合任务空间模型建模框架，并据此设计了用于扩展模型指挥控制功能的模糊知识库。详细介绍了模糊知识库的系统结构和数据模型，并给出了其构建方法。对模糊知识库的组成及工作原理进行了深入研究，在此基础上设计了模糊知识库的构建方法，并给出了其对模糊威胁评估推理分析的应用实例。

第 5 章针对基于赋时影响网进行联合作战分析建模的实际应用需求，设计了基于效果作战的指挥控制过程模糊决策优化方法。通过引入模糊贝叶斯决策的方法更新决策节点的先验概率，给出了基于直觉梯度模糊贝叶斯决策方法的先验概率更新算法，实现了赋时影响网的模糊改进，通过一个防空袭作战规划案例，演示并验证了改进方法的有效性和鲁棒性。

第 6 章为了在认知域中确保指挥控制过程，以多位决策参与者群决策的方式对作战行动方案进行优化排序，提出了一种结合 FANP 和 VIKOR 的混合多准则模糊群决策方法。并给出一个用于优选作战方案的验证案例，在多个指挥控制模型模糊群决策下给出各作战方案的优化序列排列，供指挥员决策参考。

第 7 章总结与展望，对本书主要研究工作的内容进行了总结，并提出下一步的研究建议。

每章之后都辟出专门的小结，以加深理论的认识。

作者
2022 年 5 月

致　　谢

在本书的编纂过程中，得到了多位前辈、同仁的热心帮助和大力支持，参阅了大量文献，借鉴和吸纳了一些专家和学者的研究成果，在此一并致谢。同时，还要感谢本书中所引用文献的众多作者。特别地，要感谢王义涛研究员，是他多次的指导和鼓励让我坚定了撰写本书的信心，同时也深深感受到一种义务和责任。信息化条件下的军事信息系统建设日新月异，本书关于指挥控制过程模糊表示与决策技术的研究仅是这项探索性工作的冰山一角，如能起到抛砖引玉的作用，我将感到十分欣慰。在本书编写过程中，力求系统、全面、准确、精练，但限于学识水平，书中难免存在疏漏和不当之处，敬请广大读者和同行专家予以校正。

作者

2022 年 5 月

辽宁大连老虎滩

目　录

第1章　绪论 1
　1.1　研究背景 1
　　1.1.1　指挥控制系统仿真发展面临的挑战 1
　　1.1.2　指挥控制系统的模糊性 3
　　1.1.3　模糊集理论对指挥控制系统信息处理的作用 4
　1.2　国内外研究现状及分析 6
　　1.2.1　指挥控制过程研究 6
　　1.2.2　模糊集理论的研究背景及意义 18
　　1.2.3　模糊形式化表示和推理方法 19
　　1.2.4　模糊决策方法 20
　1.3　本书的主要贡献与组织结构 23
　　1.3.1　本书的主要贡献 23
　　1.3.2　本书的组织结构 24

第2章　指挥控制过程模糊表示与决策建模和求解框架 26
　2.1　指挥控制过程概述 26
　　2.1.1　指挥控制过程的概念内涵 26
　　2.1.2　指挥控制过程的特点 27
　　2.1.3　指挥控制过程的复杂性分析 28
　2.2　指挥控制过程模糊化建模研究 29
　　2.2.1　指挥控制过程模糊化建模需求分析 29
　　2.2.2　指挥控制过程模糊化建模的关键技术 34
　2.3　指挥控制过程模糊化求解流程 37
　2.4　本章小结 38

第3章　基于模糊本体的指挥控制过程语义表示方法 39
　3.1　指挥控制过程模糊本体的开发需求 39
　3.2　模糊本体语言 FOWL 41
　　3.2.1　模糊描述逻辑 $L-SHOIN$ 41
　　3.2.2　基于模糊逻辑 $L-SHOIN$ 的 OWL 扩展 43
　　3.2.3　模糊本体的 FOWL 表示 45

3.3 面向FOWL的指挥控制过程模糊本体表示方法 ·············· 46
       3.3.1 基于FOWL的指挥控制过程模糊本体设计 ·········· 46
       3.3.2 指挥控制过程模糊本体的开发流程 ················ 51
   3.4 指挥控制过程模糊本体的语义验证方法 ···················· 53
       3.4.1 基于模糊描述逻辑的检验方法 ···················· 53
       3.4.2 基于f-SWRL推理的检验方法 ···················· 62
   3.5 本章小结 ·· 63
第4章 指挥控制过程模糊知识库构建方法 ························· 65
   4.1 基于BOM的联合任务空间模型建模框架 ···················· 65
       4.1.1 BOM概述 ··· 65
       4.1.2 面向JMSBOM的本体语义附加 ···················· 68
       4.1.3 JMSBOM的功能描述 ······························· 71
   4.2 指挥控制过程模糊知识库设计 ·································· 72
       4.2.1 指挥控制过程模糊知识库插件功能 ················ 72
       4.2.2 指挥控制过程模糊知识库的组成 ·················· 73
       4.2.3 指挥控制过程模糊知识库构建 ····················· 76
       4.2.4 指挥控制过程模糊知识库应用模式 ················ 76
   4.3 指挥控制过程模糊知识库推理应用 ···························· 80
       4.3.1 问题描述 ··· 81
       4.3.2 威胁评估算法 ·· 81
   4.4 本章小结 ·· 82
第5章 基于效果作战的指挥控制过程模糊决策优化方法 ········ 83
   5.1 指挥控制过程在TIN中的决策建模 ··························· 83
       5.1.1 TIN及其基本参数定义 ····························· 83
       5.1.2 TIN的数学模型定义 ································ 84
       5.1.3 模糊改进TIN的求解流程 ·························· 86
   5.2 基于直觉梯度模糊贝叶斯决策方法的先验概率更新算法 ··· 86
       5.2.1 直觉梯度模糊贝叶斯决策的模型结构 ············· 87
       5.2.2 直觉梯度模糊贝叶斯决策的计算步骤 ············· 88
   5.3 面向模糊改进TIN的粒子群与模拟退火混合改进算法 ······ 89
       5.3.1 算法设计 ··· 89
       5.3.2 算法描述 ··· 90
   5.4 综合案例 ·· 91
       5.4.1 基于直觉梯度模糊贝叶斯决策方法的
             先验概率更新算法 ···································· 91

  5.4.2 基于粒子群与模拟退火混合改进算法 ·············· 95
 5.5 本章小结 ·· 97

第6章 指挥控制过程模糊多准则群决策方法 98
 6.1 联合作战行动方案效能评估 ································· 98
  6.1.1 效能评估指标体系 ····································· 98
  6.1.2 效能评估指标规范化 ································· 99
  6.1.3 效能评估方法分析 ··································· 100
 6.2 基于FANP和VIKOR的模糊多准则群决策集成算法 ········ 101
  6.2.1 集成算法的基本原理 ································ 101
  6.2.2 集成算法的计算步骤 ································ 103
 6.3 验证实例 ··· 107
 6.4 本章小结 ··· 112

第7章 总结与展望 113
 7.1 总结 ··· 113
 7.2 下一步研究的问题 ··· 114

参考文献 116

附录A 基础理论 133
 A.1 Tableau扩展规则表 ··· 133
 A.2 直觉梯度模糊集基本理论 ·································· 134
  A.2.1 直觉梯度模糊数 ······································ 135
  A.2.2 直觉梯度模糊数的基本运算 ······················· 135
 A.3 三角模糊数基本理论 ······································· 136
 A.4 区间直觉模糊集基本理论 ·································· 137
  A.4.1 直觉模糊集和区间直觉模糊集 ···················· 137
  A.4.2 诱导广义区间值直觉模糊有序加权平均算子 ···· 138
  A.4.3 区间直觉模糊集的熵 ······························· 139
  A.4.4 区间直觉模糊集的交叉熵 ·························· 140

第1章 绪　　论

恩格斯指出:"一旦技术上的进步可以用于军事目的并且已经用于军事目的,它们便立刻几乎强制地,而且往往是违反指挥官的意志而引起作战方式上的改变甚至变革。"未来的战争是信息化战争,1997 年美国提出的"网络中心战"(Network Centric Warfare,NCW)将这次变革推向了一个新的高潮[1]。在网络中心战环境下,多军兵种的联合作战将成为未来主要作战模式,其特点是以作战任务为中心,把广域分布、动态部署的作战系统实时联动、集成,产生高效的整体作战能力,实施快速精确打击[2]。战场中涉及的对象要素越来越广泛和复杂,传统的作战模拟方法很难描述军事复杂系统,很难解决以人为主导的军事指挥控制(Command and Control,C2)问题[1,3]。

军事指挥控制领域不仅有确定性的一面,同时还有不确定性的一面。对不确定性,精确化处理方法有时效果不佳,主体需要借助认识的模糊性和模糊思维能力去解决。1965 年,美国 L. A. Zadeh 教授首先提出模糊集(Fuzzy Set,FS)[4]的概念,奠定了模糊理论的基础。由于模糊理论在处理复杂系统特别是有人干预的系统时具有简洁有力的特点,某种程度上弥补了经典数学和统计数学的不足,迅速受到广泛重视。之后,模糊集理论受到各国学者的广泛关注,在指挥控制等多个领域得到了大量有益的应用。

本章首先阐述联合作战指挥控制过程(Joint Operational Command and Control Process,JOC2P)模糊表示与决策研究的研究背景,通过军事系统模糊性的讨论及作战仿真面临挑战的分析,提出本书研究的主题。进而在分析国内外研究现状的基础上,明确本书的研究内容和研究方向。最后归纳本书的主要工作、组织结构和主要贡献。

1.1　研究背景

1.1.1　指挥控制系统仿真发展面临的挑战

指挥控制系统(Command and Control System,C2S)是指由人员及装备组成的各级各类指挥所系统,在 C^4ISR 系统中承担着信息接收与处理、指挥控制、辅助决策等功能,是指挥控制过程的核心[5]。近年来,许多文献和理论通过研究指挥控制过程,利用计算机仿真技术对指挥控制系统进行仿真,考察所设计指挥控制系统的运行效果,并以此作为评估、优化指挥控制过程的依据。现代作战仿真技术是建立在相似理论、计算机技术、控制理论、系统工程、运筹学等上的一门学科,它可以利用反复再现的人工作战环境和作战条件,对部队的机动、作战过程、毁伤效果、指挥控制等进行"实验",由于其具有风险低、效率高、成本低、可重复实验、便于定量分析等特点,已成为分析评估指控系统效能的有力手段[6]。

以往大量的作战仿真试验在处理军事领域模型和数据时,采用的基本是精确计算方法,是定性指导下的定量分析,即从概念模型到仿真模型,再由仿真结果指导定性决策,如微分方程或开普勒定律可精确描述导弹、卫星运行轨道,规划论可以求出最佳军火运输方案,统计法可以判定武器的命中率。但现实战场环境中存在的大多是诸如强与弱、胜与败、优与劣这样的模糊事物或概念,其内涵明确、外延却具有不清晰性和模糊性。

大量作战仿真系统建设和使用实践证明,运用仿真模型描述和解决作战仿真中共同具有的环境和态势、情报处理、决策生成、方案评估这样的问题时,其本身明确的一面可以进行精确的定量分析,而不明确模糊的一面则很难定量描述。为了解决这个矛盾,军事分析试图采用精确约束、简化近似的手段来得到"精确结果"。但这种手段收到的"精确结果"很难反映军事活动的本质,很难适应战场的实际需要和军事训练需要。

不确定性是影响指挥控制系统性能的主要因素,包括以下几个方面[7]。

(1)信息融合的不确定性。形成战场当前态势图像的信息可能来自传感器,如雷达、声纳、无人驾驶微型移动机器人、电子侦察设备等,也可能来自情报、导航子系统或其他间接信息等。这些信息受传感器和情报源能力的限制存在多种不确定性。

(2)态势评估的不确定性。态势评估是把对态势物理特性的观察与以往经验得出的知识相结合,以形成对动态变化事件的综合解释。典型的态势评估不确定性包括战场图像的不确定性、传感器覆盖范围的不确定性、缺乏敌方知识、环境中的不确定性等。

(3)决策过程的不确定性。决策过程可分为两个阶段:确定备选方案和选择一个方案并监控其执行。决策过程的不确定性主要包括:当前态势的不确定性,主要是指完成其相应任务的图像编辑和态势评估阶段的能力;敌方战术的不确定性;现行约束和优先权的不确定性;行为对态势影响的不确定性。

不同研究领域对不确定性的定义不同,计算机仿真领域将不确定性定义为由于知识缺乏导致建模与仿真过程中存在的潜在缺陷[8],系统工程中不确定性往往是指未知或了解不准确的信息[9]。本书从真实战场的指挥控制角度出发,将不确定性定义为:指挥控制系统及其作战态势的可变性,以及指挥员对指挥控制系统及对所处作战态势的认知不完整性和不准确性。当前有多种用于解决指挥控制系统不确定性技术的理论方法,应用广泛的有三种:概率论、D-S证据理论和模糊理论[10]。它们分别具有处理不同类型的不确定性的能力。概率论处理的是"事件发生与否不确定"这样的不确定性;D-S证据理论处理的是含有"分不清"或"不知道"信息这样的不确定性;模糊理论则是针对概念内涵或外延不清晰这样的不确定性。但是,概率论面临一些问题:需要知道各先验概率和条件概率,且这些概率的分配互斥而完备。D-S证据理论的立论基础存在某种致命的错误,导致推理结果不可信。相比较而言,模糊理论是一种非常有潜力的用于解决不确定的理论,适合处理具有内涵或外延"不清晰"这类不确定性信息的推理问题。这种模糊信息在现实问题中是普遍存在的,因此模糊理论具有广泛的应用空间。

本书的核心在于设计合适的模糊理论应用范式用于解决指挥控制系统的不确定性问题。指挥控制决策系统的不确定性包括模糊性、灰色性、随机性、混沌性等,它们分别从不同的特征体现军事系统的不确定性,这里主要讨论指挥控制系统的模糊性。

1.1.2 指挥控制系统的模糊性

美军在1996年和2000年分别颁布了指导信息时代战争建设的纲领性文件:《2010年联合构想》(Joint Vision 2010,JV2010)[11]和《2020年联合构想》(Joint Vision 2020,JV2020)[12]。在JV2010中提出指挥控制系统必须拥有信息优势,即具备收集、处理、分发不中断信息流的能力,同时削弱和破坏敌人的信息处理能力。JV2020在认可信息优势重要性的同时,认识到仅仅拥有信息是不够的,只有信息被指挥员利用转换成决策相关的知识,并制定出最好的决策,才能真正地实现信息优势。军事问题的诸多方面带有模糊性,模糊数学的问世,为军事科学的发展开辟了广阔的道路。

模糊数学与军事运筹理论相结合,可以为军事决策、后勤保障等提供一种新的定量化的工具和手段。模糊理论和计算机、人工智能技术相结合,可以开发出各种智能化的军事辅助决策系统,为军队作战指挥、军事训练、后勤保障服务。作战行动方案的优劣、敌我双方战斗力的强弱,往往都是一些模棱两可的概念,这正是战争模糊性的表现。指挥控制系统的模糊性主要源于以下几方面[13]。

(1)指挥控制系统是典型的人机系统。人是军事系统的决定性因素,既是操作者,又是决策者。包含人的系统具有更大的不确定性和复杂性:人的行为难以用精确的或概率的方法来描述,而军事活动问题大都属于艺术运用范畴,特别在作战指挥领域更是如此。因此,军事系统需要以软科学方法加以研究。

(2)指挥控制系统是复杂的社会巨系统,比一般的社会系统和技术系统复杂得多,包括的作战因素也十分庞大而复杂。随着军事科学技术的深入发展,需要研究的系统变量越来越多,而且变量之间的关系也越来越复杂,对系统描述的精确性也越来越高。但越复杂的问题越难以精确化描述,这就使得军事分析要求的精确性和军事问题的复杂性之间形成了尖锐的矛盾。复杂性意味着因素较多,以致研究人员无法认真地对全部因素进行考查。如果在求解这类复杂问题时,只抓住其中的主要部分,而忽略次要部分,又常常会使本身十分明确的概念变得模糊起来,从而导致模糊性。另外,复杂性还意味着深度的延长。一个大系统,如果用传统的方法,有时可能需要解数千个微分方程,由于误差的积累,也可能使模糊性变得不可忽略。

(3)指挥控制系统中大量准则存在中介状态。军事系统中存在许多数值准确、非此即彼的准则,如攻击时刻、弹药消耗量、部队编制体制等,容易在人脑中形成明确的划分和确切的判断。但是也有许多准则亦此亦彼,处于正反之间的中介过渡状态,在人脑中形成概念或运用概念的过程中容易造成判断的不确定性,这就是所谓的模糊性。在军事领域里具有模糊性的准则或概念比比皆是,诸如胜与败、强与弱、得与失等模糊性准则或概念。

1.1.3 模糊集理论对指挥控制系统信息处理的作用

模糊集理论的提出尽管仅有 40 余年,但已广泛运用于各个学科,并不断取得一个个惊人的成果。军事问题的诸多方面带有模糊性,模糊集理论的问世,为军事科学的发展开辟了广阔的道路。模糊集理论以很强的适用性运用在军事语言研究、兵法研究、战例分析、辅助决策、军队管理等方面。模糊集理论在战例分析上的应用,可以建立战例计算机辅助分析系统和军事决策信息库。它在辅助决策上的运用,可以贯穿情报处理、预测、决策全过程,它可以对战场环境进行模糊识别;对防御中的防御方向、防御要点、布势进行模糊评估选优;对进攻中的进攻方向、方式、进攻点进行模糊综合评判和选优等。

近年来,模糊集理论在军事领域中的应用已朝着研究指挥员模糊思维、模糊决策方向发展,研究能够用于计算机的模糊语言、模糊逻辑以及用于人工智能的模糊知识表示,进而开发采用模糊推理语言、模糊专家系统的军事指挥控制系统。在军事指挥控制系统中,一方面存在大量的模糊信息,另一方面许多过程需要对其进行模糊处理,这就决定了模糊性认识在指挥控制系统信息处理中的作用,包括如下几部分[14]。

(1)建立主体认识中的模糊概念。概念的模糊性形成于主体的初始认识阶段,主体在不能全面而准确地理解概念实质时,难免会产生某种似是而非的理解,出现与其他概念相混淆的现象。模糊概念是由模糊信息加工而成,是一个科学概括的过程:先由感性阶段的信息接收,筛选分离初步信息;再由理性综合,在综合中运用模糊思维，通过隶属度掌握不同对象集合对某一属性（如士气高低、部队作战经验、指挥员信心强弱等信息）的置信度分布形成科学的模糊概念，最后通过语言变量的合成规律用自然语言表示出来。

(2) 建立模糊逻辑。传统的逻辑推理以二值（非此即彼）为基础，推论的基本规则是假言推理，按这一规则能够从命题 A 的真假和蕴含中推断出命题 B 的真假。然而，在实际预测中常常会遇到像"指挥控制能力较强、较弱"一类的模糊语句，这时很难用"真"或"假"来描述，只能描述其为"真"的程度，而模糊逻辑中可以用闭区间 $[0,1]$ 的一个实数值来表示程度，这就是模糊集的多值逻辑。前者变为后者的关键为将二元的逻辑值拓展为多元的逻辑值，把真假问题作为语言变量的合成规律来处理，形成排中律的破缺，结果则可能比严格的二值性的形式逻辑更接近人类决策过程所包含的逻辑。这种模糊逻辑在军事指挥控制系统中有很大用途：①可以从不明确的前提出发，推导出一个可能明确的结果；②模糊逻辑不仅可以定量地描述，而且可以将其转化为求值的运算，甚至可以将指挥员的经验意志等表述为一组由模糊条件句陈述的"语言控制规则"。

(3) 进行模糊识别。模糊识别是主体按照事物模糊形态对事物进行划分而建立起的模糊映象，以事物之间的相似性为依据，以模拟比较为手段，以对象和模式之间的最大隶属度原则（个体识别）或择近原则（群体识别）为尺度的识别。模糊识别不要求对被识别对象和类属边界做出绝对的断定，因此识别过程不必以获取大量精确数据为前提，只需依据少量模糊信息，即可做出足够准确的识别。模糊识别在流动性大、状态类属边界不清的作战领域有广泛的用途，它能根据对象的有限少量信息，通过人脑运用模式识别，区分出对象的主要特征和次要特征、稳定的特征和易变的特征；排除对象有意制造的假象，把握对象的目的所在，达到见微知著、见显知隐的结果。

(4) 运用模糊聚类法。模糊聚类是与模式识别相反的一种无模式分类法。在军事认识过程中，由于对象活动的复杂性，类属边界和状态的不确定性，很难在事先建立起可供参考或依循的模式，对此类现象只能依据对象的特性运用模糊数学中的模糊等价关系分类法和模糊聚类分析法，形成对军事对象的模糊聚类分析。

(5) 模糊综合评判和决策。在军事领域中，作为指挥员的军事主体在战争活动时对由人和武器装备构成的军事客体存在不同的认识，而不同的政治目的、军事目的和最终目的则造成不同的价值评价。因此，在军事决策中，既要考虑主体要达到的目的，又要考虑客体各种因素及其对事物自身类属、状态的复杂影响，在整体权衡中做出综合评判，其方法有两种：一是总评分决定优劣，每个因素在总体中地位均等；二是加权平均法，即把每个因素在事物整体中的地位用权重系数表现出来。第一种方法是第二种方法的特例，即各项权重系数相等的加权平均法。军事决策是综合评判的模糊决策过程，包括对各个单独因素的模糊分析和对各个因素整体的模糊综合评判。模糊分析和模糊综合评判作为模糊方法的两个方面,既相互排斥,又相互依存、彼此转化,在综合评判过程中缺一不可。

1.2 国内外研究现状及分析

1.2.1 指挥控制过程研究

指挥控制领域的研究一直是作战理论研究的核心领域,受到各国军事理论研究界的高度重视。广义的指挥控制包括指挥控制过程和指挥控制组织等。指挥控制过程是为完成特定的任务,通过搜集情报、态势判断、做出决策,然后根据决策制订预案、分析评估、选优决断、下达命令、监督执行,根据实时战况调整作战计划并下达指令,最终达到一个预期目标的闭环的过程。如果没有特殊说明,本书叙述中提到的指挥控制均指狭义的指挥控制,即指挥控制过程[15]。

1.2.1.1 指挥控制过程概念模型

指挥控制过程理论的研究一直是各国专家学者研究的焦点和核心,以美国为代表的一些军事强国在指挥控制过程的研究一直处于世界前沿,提出了许多相当有影响力的指挥控制过程模型[16]。对指挥控制过程进行描述和解释的目的是模拟和改进此过程,以达到指挥控制系统高效、优化的目标。关于指挥控制过程,有以下几种主要模型。

1. SHORE 模型[16-18]

1981 年,J. G. Wohl 在对指挥控制过程的研究中,建立了激励—假设—选择—响应—环境(Stimulus - Hypothesis - Option - Response - Environment, SHORE)模型。该模型描述军事问题的求解和进行判断的数据驱动响应方法,而不是目标驱动的方法[19]。SHORE 模型由五个相互动态影响的部分组成。

(1)激励:决策过程的开始,提供当前态势的信息和当前的态势的不确定性。

(2)假设:一组感觉的备选方案,用来解释真实世界的态势。

(3)选择:决策者响应备选方案。

(4)响应:采取所选择的行动。

(5)环境:为当前态势提供输入信息,并对行动作出反应。

Wohl 把指挥控制过程与 SHORE 模型相对应,提出了如图 1.1 所示的 SHORE C2 模型。从 SHORE C2 概念模型中可以看到,一个典型的基于知识的指挥控制系统结构可分为以下 4 个基本过程。

(1)通过各种传感器、数据库、情报系统等信息源收集各种信息,并对这些信息进行相关分析、组合和合成,产生关于战场环境多个目标的态势图。这一信息处理过程相当于 SHORE 模型中的刺激过程。

（2）根据信息融合的结果,利用 C2 知识库中的知识和各种信息对与任务有关的当前态势进行估计或对威胁进行判断。这一过程对应于人类决策的假设阶段。

（3）为获得某一目标而进行的资源分配和决策计划,对应于 SHORE 模型中的选择过程。

（4）执行计划,实施资源的分配并通过传感器或情报系统来监控计划的执行效果。这一过程对应于 SHORE 中的响应。

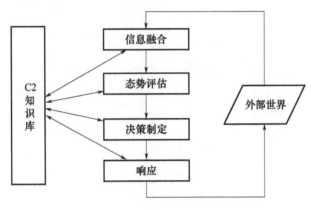

图 1.1　SHORE C2 模型

2. Lawson 模型[16-17,20]

J. S. Lawson 提出一种指挥控制模型,即 Lawson 模型,如图 1.2 所示。Lawson 模型原理是:指挥员会对环境进行"感知"和"比较",然后将解决方案转换成所期望的状态并影响战场环境。Lawson 模型由感知、处理、比较、决策和行动 5 个步骤组成,去除了一些单纯大脑产生的想法,可将多传感器数据处理为可行的知识。Lawson 模型另一个特征是"期望状态",包括指挥官的意图、基本任务、任务陈述或作战命令等。"比较"就是参照期望状态检查当前环境状况,使指挥官做

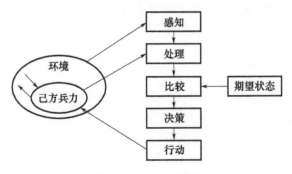

图 1.2　Lawson 模型

出决策,指定适当的行动过程,以改变战场环境状况,夺取优势,实现指挥官影响环境的愿望。显然,Lawson 模型对人的作用的描述不够,是该模型存在的主要问题,以致在应用中受限。

3. HEAT 模型[16-17,21]

指挥所效能评估工具(Headquarters Effectiveness Assessment Tool,HEAT)模型由 Richard E. Hayes 博士提出,该模型以监视、理解、计划准备(包括提出备选方案以及对其可行性进行预测)、决策和指导 5 个步骤的循环为基础,如图 1.3 所示。

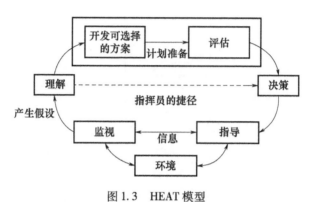

图 1.3　HEAT 模型

该模型提出的指挥控制过程可看作一个自适应的系统,在该系统下,指挥员对所输入的信息做出反应,将系统转变成期望的状态,以达到控制战场环境的目的。该系统负责监视战场环境,理解态势,提出行动方案并制订计划,预测方案的可行性,评估其是否具有达到期望状态和控制战场环境的可能性,从由司令部参谋评估过的可选行动方案中做出决策选择,并形成作战计划和指示下发下级部门,然后为下级提供指导并监视下级的执行情况。如遇战场环境的动态改变,该自适应系统将重新进行监视并循环上述过程。HEAT 指挥控制过程模型的可用性在陆海空三军的联合作战中已经得到了成功的验证,但其在信息化战争中仍显得相对脆弱,最主要的问题就是信息和指示命令的相对滞后性,使得指挥控制的灵活性不能得到很好的保证。

4. RPD 模型[16,22]

指挥控制过程是一个相当复杂的过程,受到许多因素的影响。研究表明,指挥控制过程中,指挥员在困难环境和有时间压力的情况下,往往不会使用传统的方法进行决策。根据这一发现,Klein 于 1993 年提出了识别决定(Recognition Primed Decision,RPD)模型,如图 1.4 所示。

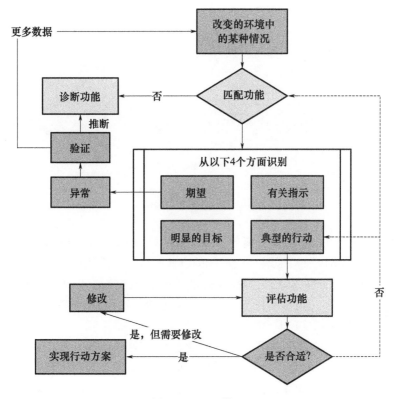

图 1.4 RPD 模型

识别决定模型的原理是：指挥控制过程中，指挥员会将当前遇到的问题环境与记忆中的某个情况相匹配，然后从记忆中获取一个存储的解决方案，最后再对该方案的适合性进行评估。如果合适，则采取这一方案；如果不合适，则进行改进或重新选择另一个存储的方案，然后再进行评估。识别决定模型具有匹配功能、诊断功能和评估功能。匹配功能就是对当前的情境与记忆和经验存储中的某个情境进行简单直接的匹配，并做出反应。诊断功能在对当前本质难以确定时启用，包括特征匹配和情节构建两种诊断策略。评估功能是通过心理模拟对行为过程进行有意识的评估，评估结果或者采用这一过程，或者选择一个新的过程。

5. OODA 模型[16-17,23]

为了研究飞行员在战术级决策分析中如何获得竞争优势，美国空军上校 John R. Boyd 于 1987 年提出了 OODA（Observe - Orient - Decide - Act）环模型（图 1.5），并最先将 OODA 环概念应用于理解空空作战。

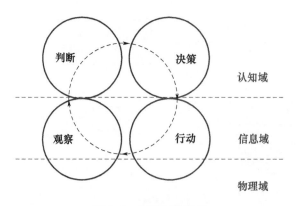

图 1.5 OODA 环模型

OODA 环可以看作 4 个分离却不独立的阶段的循环,如下所示:
(1) 观察(Observe):采取一切可能的方式获取战场空间中的信息。
(2) 判断(Orient):利用知识和经验来理解获取的信息,形成态势感知。
(3) 决策(Decide):根据任务目标和作战原则,选择行动方案。
(4) 行动(Act):实施具体行动。

OODA 环模型的循环过程是在一种动态和复杂的环境中进行的,通过观察(从所在的战场态势收集信息和数据)、判断(对战场态势进行评估,并对与当前态势有关的数据进行处理)、决策(制订并选择一个行动方案)、行动(实施选中的行动方案)4 个过程,能够对己方和敌方的指挥控制过程周期性地进行简单和有效的阐述,同时该模型强调影响指挥员决策能力的不确定性和时间压力两个重要因素。

但是在信息化战争条件下,OODA 环模型已无法准确解释面向联合作战的指挥控制过程。因为,OODA 环过于简化指挥控制过程,同时又具体化军事组织,这意味着军事组织在指挥决策过程中形式单一,只能做出跨层次和跨功能的单一协同决策;而且 OODA 环还无法区分 C^4ISR 过程中至关重要的因素。鉴于 OODA 环模型存在诸多问题,先后有许多研究者提出了很多改进模型。但所提出的模型描述起来较为复杂,直到 Rousseau 和 Breton 于 2004 年提出了模块型 OODA 环模型[24]才克服了描述复杂的问题。模块型 OODA 环模型通过对经典 OODA 环模型的修改,为描述指挥控制过程动态复杂的本质提供了一种更好的方法。随后 Breton 和 Rousseau 又先后提出了认知型 OODA 环模型[25],对 OODA 环模型从认知层面进行了改进。

6. 网络中心战指挥控制过程模型[17,26]

网络中心战是美国国防部所创的一种新军事指导原则,以求化资讯优势为战争优势。网络中心战使用极可靠的网络联络在地面上分隔开但资讯充足的部队,这样就可以发展新的组织及战斗方法。网络中心战中的指挥控制过程仍然可用 OODA 概念描述,只是其具体过程不再是层层嵌套循环的 OODA 环,而是强调并发、连续和快速。David S. Alberts 提出的网络中心战指挥控制过程模型如图1.6所示。

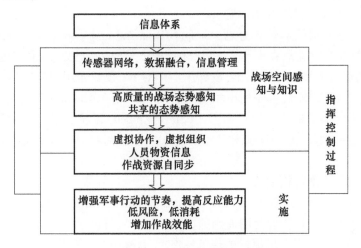

图1.6 网络中心战指挥控制过程模型

传统模式的指挥控制过程强调完整连续循环的 OODA 指挥周期,网络中心战的指挥过程强调在各个指挥层次上能够并行、连续地进行。并行是指在从上至下的指挥层次间和同层次中的不同作战单元都能够进行协作;连续则体现为在贯彻上级指挥意图的前提下,各级指挥员根据实时获取战场的最新态势,可以自主地对其指挥决策加以相应调整,而不必按照先自下而上的报告,再接受自上而下的指令的流程进行协同作战,使作战依次循环行动转变成高速连续不间断执行的协作过程。这种连续不间断的决策和执行过程加快了部队的反应和行动速度,这样才能通过控制战场节奏始终使敌人处于疲于奔命的被动状态。更快的速度,表现在更快地发现目标、更快地决策和更快地行动,这样才能始终占敌先机。

1.2.1.2 基于本体知识库的指挥控制过程建模方法

为了使计算机能够自动理解语义网(Semantic Web)[27]上的信息,必须解决语义网的语义表达问题。这就需要一种合适设计且与语义网相容的本体语言来描述领域结构,结构可以采用一定的概念(类)和属性(关系)来描述,而本体(Ontology)就由这些结构所表示的公理组成。本体论原是哲学上的概念,人们从哲学中借用本体这一概念用于信息科学领域,实现知识表示、共享和重用的目的。Neches 等认为[28]:"本体定义了组成主题领域的词汇表的基本术语及其关系,以及结合这些术语和关系来定义词汇表外延的规则。"Gruber 等给出本体的定义为[29]:"本体是概念化的一个显式的规格说明。"Borst 对这个定义稍微作了修改:"本体是被共享的概念化的一个形式的规范说明。[30]"国外从事关于指挥控制过程领域本体构建方法的研究项目多、范围广、成果丰富,主要如下。

1. 简单的 C2 领域本体构建法

简单的 C2 领域本体构建法(Simple Command and Control Ontology Modelling,SC2OM)[15,31]建立在七步法(7-Step Process)的基础之上,用于创建一个 C2 领域的逻辑框架和理论基础,设计了一个对 C2 领域通用理解的本体。与其他本体类似,SC2OM 法首先列出相关的名词、动词、形容词和副词用于建立本体的逻辑关系。为了避免类似于烟道式(Stove-piped)系统和过去架构的烟道式本体演化,一个好的方法是试图定义领域的宽度,然后在时间和资源允许的条件下补充细节。

2. 核心 C2 本体构建法

核心 C2 本体构建法(Core Command and Control Ontology Modelling,CC2OM)[15,32]是一种构建简明通用的、可组合式的、可扩展的核心指挥控制本体的方法。指挥控制强调对目标的规范性追求,目标由多种多样人的行为所指定,无论是和平时期的工程建设、人道主义灾难救援行动或是发动战争。核心 C2 本体将包括这些重要的、相关的、普遍认可的术语,用于在 C2 领域内广大用户间无歧义地传播信息。本体的内容应该足够通用以至包括后勤、陆军、海军、空军、太空和赛博空间环境等。术语应同样适用于存在矛盾的领域,从维和行动到高密度冲突等。最后,术语要求从战争的战略级到战术级必须是可扩展的。

3. 九步本体构建法

九步本体构建法(Nine Steps Command and Control Ontology Modelling,NSC2OM)[15]是美军卓越软件中心和指挥控制核心作战电子信息工作小组开发的一种构建指挥控制核心本体的方法。其目的是把指挥控制数据词汇的一个子集标准化,提供一个基于可扩展标记语言(Extensible Markup Language,XML)的消息可理解和互操作的、通用的结构化的和语义的基础,使其在指挥控制领域达到更高层次的信息交互能力,图 1.7 展示了九步法的基本原理。

有很多种知识表示的方式和推理方法,如一阶逻辑、产生式系统、神经网络、Petri 网和语义网[33]。有的方法是高度的结构化而有些不是结构化的。一般来说,结构化的方法比非结构化的方法有较大优势在于知识库能够容易地以模块的方式表示,同样容易被理解和同时被获取。知识的可重用性对于知识库的生命力至关重要。要实现系统的重用,需要一种有效的机制来实现各层次间的协调,使相互独立的层次紧密地联系在一起,共同组成一个完整的系统,这个机制的核心就是本体。

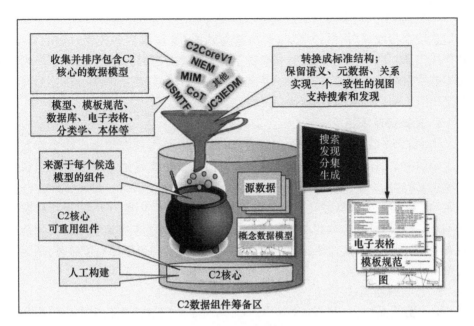

图 1.7 九步法基本原理框图

使用本体表示知识库系统,首先采用术语或概念表达知识进行,并建构知识之间内在的关系。然后推理机利用这些知识进行推理,以满足用户的检索需求[34]。基于本体的知识库目前主要有常识知识库(Cyc)[35]、语言知识库(WordNet)[36]、企业知识库[37]、基因知识库(Gene Ontology)[38]、中国科学院陆汝钤院士等研制的常识知识系统[39]、中国科学院计算技术研究所曹存根研究员等提出的国家知识基础设施[40]等。

近年来,美国已经建成了一个战略指挥控制本体知识库[15,32]。文献[41]描述了一个可扩展框架支持作战行动方案(Course of Action,COA)规划的本体,面向 COA 计划建模,在满足陆军和海军陆战队条令下。这个本体包括一个定义了COA 规划的基本概念(活动、阶段、结果、MOE 等)的核心本体,以及多个面向特殊规划任务的领域相关本体,用于扩展核心本体(维和行动、反游击战等)。

美国国防高级研究计划局(Defense Advanced Research Projects Agency,DARPA)所研究的知识共享计划课题中,计划提出一种便于知识库和知识系统共享与重用的途径。其中,高性能知识库系统项目(High Performance Knowledge Base,HPKB)的核心就是本体知识库,使知识库具有良好的表达能力和可重用性[42-43]。

1.2.1.3 指挥控制过程模型的应用现状

军事分析仿真评估系统(Military Analysis Simulation and Evaluation System,

MASES)是指由人员及装备组成的各级各类指挥决策系统,在 C^4ISR 系统中承担着信息接收与处理、指挥控制、辅助决策等功能,是作战指挥控制过程的核心。在作战仿真领域,为了应对信息化条件下战争形态日新月异的变化,外军特别是美军非常重视指挥控制过程建模,积极开展面向各种层次的军事分析仿真评估系统研究工作,下面分别进行简要的介绍。

1. 指挥部队项目

指挥部队(Command Forces,CFOR)项目[44-46]是指挥控制建模在实际系统中应用的一个典型实例,CFOR 项目为已有的作战仿真增加了三个主要元素来建模指挥控制:体系结构、CCSIL 通信语言和灵活的开发策略。目前,CFOR 已在陆军、海军、海军陆战队以及空军的仿真系统中得到了应用。CFOR 也存在着一些不足:营级的指挥实体的功能较弱;表示通信的指挥控制仿真接口语言的消息集有限,难以实时产生命令;缺乏对行为序列的优化;如果指挥实体被毁,则无法实现指挥权的转移等。

2. 联合分析系统[47]

联合分析系统(Joint Analysis System,JAS)是面向战役级联合作战的仿真系统,它主要作为各级联合作战参谋、联合作战部队与国防部门进行军事能力评估和作战计划执行与分析的仿真软件平台。同时,它还用于作战系统的效能分析以及军事条令开发评估等。为了解决作战过程中的指挥控制问题,JAS 构建了一个指挥员模型(Commander Model)和一个指挥员行为模型(Commander Behavior Model)。指挥员模型实际上是一个混合的人工智能专家系统,该系统对作战条令条例采用模糊理论进行模糊化,专家系统的决策方式类似于兵棋推演。指挥员行为模型采用模糊规则集来表示人的行为,这种行为表示方法扩大了指挥员模型评估态势、作战行动方案选择偏好的标准范围。

3. WARSIM2000[48-50]

为了降低对参谋人员的要求,提高仿真的可控性,WARSIM2000 系统中营以下的部队采用了指挥控制自动建模。指挥控制参谋人员通过仿真控制组织(Simulated Command Organization,SCO)建模,SCO 结构基于自治 Agent,能够完成作战任务的规划、作战过程的控制和态势评估等。其中,任务规划采用层次匹配方法(Hierarchical Match)和操作状态规划(Operator-State Planning)技术实现,Agent 采用基于规则的推理方法,开发了指挥控制行为描述语言,将指挥控制中的静态知识编码为数据,军事使命和任务用行为定义框架(Behavior Definition Frames,BDFs)来描述。

4. 联合指挥控制系统

美国国防信息系统局开发的"全球指挥控制系统",能够为国防部提供更为全面作战能力的体系结构转型。作为主要的联合战场指挥控制系统,"全球指挥控制系统"将被更为完善的"联合指挥控制系统"(Joint Command and Control, JC2)所取代。JC2 成为美军向网络中心战转型过程中联合指挥控制能力的基础[51]。JC2 建立在全球信息栅格(Global Information Grid, GIG)基础之上，其系统框架如图 1.8 所示。

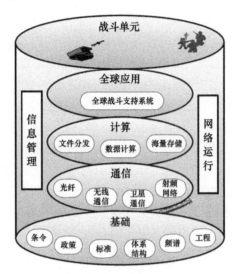

图 1.8 JC2 系统框架

美军在 JC2 建设中主要体现出如下特点：强调通过信息基础设施实现信息的决策优势，采用更加开放的体系结构实现系统的松耦合与独立升级，基于联合任务能力包的形式实现对作战的全面支持，通过分步实施的改造来实现系统功能的升级，进一步强调分布式协同和智能化决策来提升作战能力等[52]。

5. 网络使能指挥能力系统

网络使能指挥能力系统(Net-Enabled Command Capability, NECC)[53,54]是为适应网络中心战需求，由美国国防信息系统局负责实施的下一代指挥控制系统。2004 年 4 月，美国国防信息系统局宣布开发能广泛采用 Web 服务、适应网络中心战要求的联合指挥控制系统——NECC，并决定从 2006 年开始部署 NECC，2015 年取代全球指挥控制系统。NECC 系统代表了美军下一代指挥控制系统的能力，也是美军转型建设的重点，将成为美国国防部最主要的指挥控制系统。

在 NECC 系统中，所有服务和功能都以 GIG 为基础，有利于改善决策周期内的每个环节，如增进各级指挥官和参谋人员之间的相互协作。NECC 系统充分利用网络中心企业服务和其他网络中心提供者所提供的技术和服务，通过横向和纵向联合指挥控制互操作性所达成的高度协调的信息共享来实现信息优势，使作战人员能够及时读取战场信息，并通过连接通信、情报和战斗系统的接口，达到最快的信息处理能力,以支持国防部、盟军的指挥控制。NECC 系统具有高质量信息共享、高效组织与决策、灵活同步、分布式指挥控制、强组网能力以及持续、一体化的网络中心性能。

1.2.1.4 指挥控制过程的不确定性作战行动规划方法

在军事指挥控制领域,作战行动规划是对指挥控制过程实现的设计,是依据作战使命与作战态势来谋划执行使命的作战行动的行为。在信息化战争条件下,指挥信息系统和信息化武器装备呈现出网络化的特点,面向指挥控制过程的作战行动规划方法不再只是确定的,而大多数具有不完善性、不确定性等。因此,在研究面向指挥控制过程的规划方法中,引入不确定性研究是必然的。不确定性的研究是建立在非经典逻辑基础上,但目前不确定性研究尚未建立一套完整的理论体系。研究指挥控制过程规划方法不确定表示和处理方法主要有三种:基于概率网络、基于可信度和基于模糊逻辑的模糊表示和推理。

1. 基于概率网络的方法

Petri 网作为一种图形化、数学化的建模工具,是描述具有分布、并发、异步特征的离散事件动态系统的有效工具。目前,已经存在引入着色 Petri 网的军事规划系统,用于作战计划的资源与行动调度、优化与评估[55]。Petri 网是一种很有前途的作战计划辅助工具,但它的缺点是需要建立军事行动的完善模型,而且它的能力主要体现在资源与时间的调度上,对于军事计划不可缺少的任务分析与分解工作需要人工完成。因此,Petri 网规划技术在军事规划系统中的应用,需要与其他方法相结合,澳大利亚军方的 COAST(Course of Action Scheduling Tool)系统[56]是成功运用着色 Petri 网进行规划的范例。

Evans 等利用动态贝叶斯网络(Dynamic Bayesian Net,DBN)描述作战任务和作战效果之间的因果影响关系,从而指导作战方案的制订[57]。Lucia Falzon 利用贝叶斯网络(Bayesian Net,BN)进行效果网络重心分析,并且开发了辅助作战方案制订的 COGNET(Centre of Gravity Network Effects Tool)[58]。态势影响评价模块(Situational Influence Assessment Module,SIAM)[59]是由科学应用国际公司(Science Applications International Corporation,SAIC)的工作人员基于影响网络模型开发的一款基于 Unix 操作系统的因果分析软件,基于 Windows 操作系统的版本称为 CausewayTM。Rosen 和 Smith 利用 SIAM 进行多人协作战略层的作战方案制订[60]。

战役评估工具/因果分析工具(Campaign Assessment Tool/ Causal Analysis Tool,CAT)[61-62]是由美国空军研究实验室开发的一款用于因果影响分析的软件系统,主要功能包括因果模型创建、修改以及分析。CAT 到目前为止还处于试验阶段,没有被军方广泛地应用。但是,美空军在很多战略层次上对 CAT 进行了测试并给出很多有价值的改进意见。目前,基于 CAT 的作战方案规划方法在基于效果作战领域得到了很好的应用[59]。

影响图(Influence Diagram,ID)[63-64]是影响网络的相似模型,两者均可以看作基于贝叶斯网络演化而来的概率网络。两者的主要区别为[65]:影响网络通过因果强度逻辑(Causal Strength Logic,CAST Logic)[66]参数的引入能够提高贝叶斯网络的建模和推理能力;而影响图通过决策节点和效用节点的引入能够提高贝叶斯网络的辅助决策能力。相似系统相关研究的优势和局限性可以为本书研究提供参考,针对这两类相似系统及其对时间扩展的相关研究是值得本书研究借鉴的。

计算机辅助的系统架构评估(Computer Aided Evaluation of System Architectures,CAESAR II/EB)[67]是由美国空军研究实验室和乔治梅森大学联合开发的作战方案评估分析系统。这一系统以定量分析方法关联行动与效果,从而支持建立作战方案的产生和分析模型,其核心技术是采用贝叶斯网和 Petri 网技术。在美军的 2000 年和 2001 年全球军事演习中,联合作战部队指挥部(Joint Forces Command,JFCOM)J-9 联合实验中使用了这一系统。

PYTHIA[68]是由乔治梅森大学的系统架构实验室(System Architectures Laboratory)开发的 CAESAR II/EB 系列工具中最新的基于影响网络的分析软件。PYTHIA 提供了构建基于图形的辅助决策模型并进行相关分析的集成环境。PYTHIA 已经广泛用于基于效果作战(Effects-Based Operation,EBO)和作战方案建模评估领域[69]。Haider 基于时间影响网络与遗传算法相结合研究复杂态势条件下的作战方案优化问题,并且将理论研究成果应用于 PYTHIA[70]。

基于概率的不确定性推理虽然具有概率论严密的理论依据,但是,它要求给出知识的概率,即使富有经验的领域专家也难以直接给出,因此它的应用受到限制。

2. 确定性理论方法

人们对一个事物的认识,往往可以根据经验判断这个事物的真伪程度。根据经验对一个事物为真的相信程度称为可信度。Confirmation Theory[71]是由 E. H. Shortliffe 等提出的一种不精确模型。在确定性理论中,确定性是用可信度来表示的,因此又称为给予可信度的不确定性推理。这种方法称为 CF 模型。它是不精确推理中使用最早、最简单且十分有效的一种推理方式。

3. 模糊逻辑表示方法

文献[72]描述模糊逻辑用于军事决策。作为经典逻辑的扩展,模糊逻辑用于军事计划的不确定性建模。该文献描述了任务可行性评估的例子,如通过对不同的区域指定风险不同的真值,在派遣作战单位时,可以通过推理引擎对是否对该区域执行侦察任务进行推理。

1.2.2 模糊集理论的研究背景及意义

人类对客体信息的辨识过程,必然涉及人类主体的主体性、客体信源的客体性以及主客体相互作用中各种噪声干扰的交融性,因此不确定性信息的出现是不可避免的[73]。不确定性的发生既与研究对象运动规律的自身特点有关,也与主体在观察和认识能力上的局限有关,因此不确定性(Uncertainty)主要分为随机不确定性(Aleatory Uncertainty)和认知不确定性(Epistemic Uncertainty)两类[74-75]。前者描述了系统及其环境中的固有可变性,也称为客观不确定性(Objective Uncertainty);后者描述了由于人的认识不足或者信息缺乏造成的不确定性,因此也称为主观不确定性(Subjective Uncertainty)。随机不确定性一般直接基于概率方法进行描述和分析。由于概率论研究历史较长,已具备完善的数学理论基础,在实际工程应用中也更加普及,因此目前基于概率论展开的随机不确定性分析研究更加广泛。对于认知不确定性,需要根据具体特点选择相应数学工具进行描述,如对于由于设计人员主观定义边界模糊或表述含糊导致的不确定性,采用模糊数学比较合适。

1965年,美国加州大学伯克利分校控制论专家 L. A. Zadeh 教授在 "Information & Control"杂志上发表了一篇创造性的文章"Fuzzy Sets",标志着模糊数学的诞生。当代科技发展的趋势要求将模糊概念或模糊现象定量化和数学化,作为研究和处理模糊概念的数学方法,模糊数学的出现适应了这种迫切需求。经典数学是以精确性为特征的,模糊数学则是以模糊性为特征的。模糊数学不是把数学变成模糊的东西,它也具有数学的共性。模糊数学既认识到事物"非此即彼"的清晰性形态,又认识到事物"亦此亦彼"的过渡性形态[73]。在处理复杂事物时,科学的方法应该是精确性和可行性综合最优的方法。

在随后的几十年中,模糊集理论不断发展和完善,并在许多领域得到了成功的应用。由于在许多实际应用中,获取的数据往往不是精确的数值,可能是一个区间值,因此 Zadeh 于 1975 年又提出区间值模糊集(Interval - valued Fuzzy Sets)[76]的概念。1986 年, Atanassov 提出直觉模糊集(Intuitionistic Fuzzy Sets)[77]作为模糊集的另一种推广形式。在很多现实问题中,由于元素 x 的隶属度既包含了支持 x 的证据,也包含了反对 x 的证据,但是模糊集不可能表示其中任意一个,更不能同时表示支持和反对 x 的证据[78]。或者说,该隶属程度含有一定的踌躇性或不确定性。1989 年,Atanassov 与 Gargov 又提出区间直觉模糊集(Interval - valued Intuitionistic Fuzzy Sets)[79],其基本思想是将元素 x 的隶属度与非隶均由[0,1]上的闭子区间表示,且必须满足两个闭子区间的右边界之和不大于1。另外,模糊集理论出现了各种拓展,如 Vague 集[80]、L - 模糊集等。

1.2.3 模糊形式化表示和推理方法

用系统观点分析战争现象的作战模拟系统,常把指挥艺术、部队士气等作为战争系统的要素,这些要素是最典型的模糊事物。元素的这种模糊性就决定了整个系统具有模糊性。随着系统中元素个数的增加,元素之间相互联系和作用更加复杂,这就增大了系统的模糊性。系统内外联系越多样复杂,组织水平越高,模糊性一般也就越强。因此,用系统理论来研究和分析客观世界,就必须研究系统的模糊性,用模糊系统来描述具有模糊性的系统。

描述逻辑(Description Logic,DL)[81]是一种适合表示关于概念和概念层次结构,并且具有形式化语义、很强表达能力和可判定推理算法的知识表示语言。当前主流的本体语言普遍将 DL 作为语言的逻辑基础,如网络本体语言(Web Ontology Language,OWL) DL[82]等价于描述逻辑 $\mathcal{SHOIN}(D)$[83],DAML+OIL[84]等价于描述逻辑 $\mathcal{SHOIQ}(D)$[85]等。W3C 制定的 OWL DL 是一种面向语义网的知识表示标记语言,具有较强的知识表达能力并适合大规模应用的推理效率。但是和传统的其他逻辑一样,OWL 只能处理精确和完备的知识及其推理任务,不能对模糊和不精确知识进行表示和推理。

在描述逻辑的很多应用中,需要扩展描述逻辑使其具有处理模糊信息的能力。1991 年,Yen 对 FL^- 进行了模糊扩展,定义了模糊概念并给出了判定概念包含的推理算法[86]。1998 年,Straccia 在描述逻辑 $\mathcal{ALC}$ 的基础上提出了模糊 $\mathcal{F-ALC}$,并给出 $\mathcal{F-ALC}$ 的基于约束传播机制的推理算法[87]。李言辉等提出了一种支持数量约束的扩展模糊描述逻辑 $\mathcal{EFALCN}$[88]。在 $\mathcal{F-ALC}$ 的基础上添加了关系分层、传递关系、逆关系、枚举个体和不带资格限定的数量约束等模糊构造算子,Stoilos 等又提出了比 $\mathcal{EFALCN}$ 表达能力更强的模糊描述逻辑 $f-\mathcal{SI}$[89]、$f-\mathcal{SHIN}$[90] 和 $f-\mathcal{SHOIN}$[91],并且给出了其在 ABox 约束下的可满足性推理算法。Straccia 将模糊具体论域和模糊修饰词引入 $\mathcal{SHOIQ}$ 中并给出了相应的语法和语义[92]。Hájek 将连续 $t-$范式引入描述逻辑,提出了一种基于模糊谓词逻辑 BL 的模糊描述逻辑 FDL_{BL}[93]。

但以上这些模糊描述逻辑系统的真值空间都是[0,1]区间,具有一定的特殊性。为了使描述逻辑系统能处理更一般化的模糊信息,隶属度函数和算子的概念可以泛化为更一般的格(Lattice)。基于格值的描述逻辑系统允许一个句子的真值是一个取值于完备格的备值,而不仅仅是"真"或"假",此备值表示一个句子为真的程度。进行了基于完备格上的扩充[94]以后,模糊描述逻辑既可以进行定量的推理,如基于集合 $\{0/n, 1/n, \cdots, n/n\}$ $(n \in N)$,也可以描述定性的非确定性推理,如真值集为{false,likelyfalse,unknown,likelytrue,true}。

很多研究者对 $L-$模糊集语义进行了相关探讨[95-96],但是大部分的研究局限在一类受限能力的完备格语义上,而剩余格(Residuated Lattice)[97]的出现极大地拓展了 L - 模糊逻辑的应用范围。Esteva 将 t - norm 和剩余格作为并与推论的真值函数,推广到经典[0,1]值逻辑系统[98]。Bou 使用剩余格值定义常规算子用以处理多值逻辑,并具有保留真值度下限的优点[99-100]。Borgwardt 提出了分别基于有限剩余格[101-102]和结合 t - norm 算子的 De Morgan 完备格(Complete De Morgan Lattice)语义的模糊逻辑 $ALCI$ [103]。另外,Borgwardt 进一步分析了基于剩余德摩根(De Morgan)完备格语义的描述逻辑 SHI 的一致性和可满足性问题,并给出 ALC 中的概念可满足性是不可判定的(即使一类非常简单的无限格也是受约束的)[104]。

应当指出的是,目前虽然已经存在多种形式的模糊描述逻辑,但有关如何利用模糊描述逻辑(本体)对具体领域进行表示和推理应用却较少。

1.2.4 模糊决策方法

关于决策理论的研究大体分为两类[17]:一是经典决策理论;二是自然决策理论。经典决策理论主要在分析所有可能的决策选项的基础上,通过数学统计方法进行定量的计算来得出最优也就是效益最大的决策结果,也称为分析决策。经典决策理论可以较好地解决简单的、确切的决策问题,但不适于复杂的、充满不确定性的决策问题。正是基于这样的问题背景,自然决策理论应运而生,它能够在面对复杂决策问题时快速地得出恰当的决策结果。但自然决策理论对决策者的自身要求比较高:需要决策者具备在类似决策问题领域的经验,经验越丰富,得出的决策就越恰当。认知为主的模糊决策就是自然决策理论的一个实用有效的模型实例。

1.2.4.1 模糊决策

逻辑是研究人们思维规律的科学。研究普通逻辑有比较成熟的数理逻辑方法,然而在研究像人文系统和社会经济系统这样的复杂大系统时,其结构、功能、参量都具有模糊性的特点,所以需要研究模糊逻辑。古典的形式逻辑(二值逻辑)是以建立有效推理的精确规则为主要目标发展起来的。这种形式逻辑与人们的模糊语言形式化之间存在尖锐的矛盾。为解决这种矛盾,L. A. Zadeh 在 20 世纪 60 年代研究了多目标决策问题,并与 R. Bellman 一起将模糊集理论应用于系统决策中[105-106]。之后研究人员提出了众多求解模糊多目标决策问题的方法,从而在一定程度上解决了决策问题中存在的大量模糊性问题。

模糊决策是决策的要素(如准则及备选方案等)具有模糊性的决策。模糊决策是应用模糊数学方法进行量化的决策,具有如下几个基本特征[107]:

(1)在模糊决策问题中,全部或者部分决策要素具有模糊性。

(2)是一种主要以模糊数学为处理工具的量化决策方法。

(3)决策结果具有模糊性,但在一定条件下可以转化为确定性的结果。

(4)普通决策具有的一般特性,模糊决策也同样具有。

一般军事决策问题经常具有极大的模糊性。解决带模糊性军事决策问题的传统方法,主要靠指挥员的经验知识、智慧和胆略,这种定性分析的方法难以客观定量地反映问题的本质。采用模糊决策方法描述军事领域的轨迹决策行为,其优点在于可以充分利用指挥员的经验和知识,通过建立相应的轨迹决策评价指标及其隶属函数,并考虑各个评价指标在指挥员心目中的重要性来实现对指挥员轨迹决策行为特性的模拟。

1.2.4.2 模糊群决策

为了决策的科学性、民主性,弱化单个专家主观上的不确定性和认识上的模糊性对决策结果的影响,常常需要综合多个专家的群体智慧和经验,同时由于信息的模糊性和不确定性的存在,这就是模糊情况下进行群决策,即模糊群决策问题[108]。群体的整体行为是通过个体之间的相互竞争、相互协作等局部相互作用而涌现出来的,同时具有不稳定性、非线性、不确定性、模糊性、不可预测性等特征。

网络中心战环境下的联合作战,指挥员面临的作战问题非常复杂,单凭指挥员个人智慧,是难以胜任这种复杂决策的,通常是由一群人组成一个指挥群体,共同制定决策和组织实施。由于作战的模糊性、不确定性及决策人员间不同的偏好等主观因素的影响,需要综合具有多种不同偏好信息的指挥人员的意见。在作战指挥中,决策群体是由指挥员及其指挥机关人员组成的,指挥员和指挥机关人员对决策所起作用可以不同,用权重来体现其对决策的贡献。常用的群决策方法包括德尔菲法、层次分析法、网络层次分析法等。

1.2.4.3 模糊多准则决策

多准则决策(Multi-criterion Decision Making,MCDM)问题的复杂性是复杂性科学和复杂系统研究中的一类难题。其中,"准则"通常是指判断的标准或度量事物价值的原则,它兼指"属性"和"目标"。一般准则权系数和准则值确定,往往存在隶属度函数难以确定的困难。为了简化决策程序和提高决策效率,在描述模糊决策信息时,通常采用一些特殊的模糊数,如区间模糊数[109]、三角模糊数[110]、梯形模糊数[111]、L-R 模糊数等[112]。

对多准则决策问题的研究主要集中在两个方面:在准则值为模糊数的情况下,一是准则权系数确定或为模糊数;二是准则权系数信息不完全确定。对前者的研究主要集中在利用集成函数集成各准则的模糊数和准则权系数,再利用某一模糊数的比较方法得到方案的排序或分类。而准则权系数信息不完全确定的情况在实际决策中比较常见,组合优模型[113]、Choquet 积分[114]、熵理论[115]等是解决这类问题的有效方法。

1.2.4.4 区间直觉模糊多准则决策

由于决策过程中知识的缺乏或者决策者的主观判断而导致的不确定准则信息,不仅包含方案在准则上的信任度和非信任度,也包含对准则的未知度。针对决策过程中的这类不确定的准则信息,近年来,采用区间直觉模糊数来刻画这种不确定性逐渐成为研究的热点。1986 年,K. Atanassov 提出了直觉模糊集(Intuitionistic Fuzzy Sets,IFS)的概念[77],虽然直觉模糊集在处理不确定信息时具有较强的表现能力,然而在现实生活中,有时隶属度、非隶属度以及犹豫度很难用[0,1]区间上的具体值表示出来。因此,K. Atanassov 和 G. Gargov 于 1989 年提出了区间值直觉模糊集(Interval – Value Intuitionistic Fuzzy Sets,IVIFS)的概念[79],很好地解决了这个问题。其基本思想是将元素 x 的隶属度与非隶属度均由[0,1]中的元素表示,且必须满足两个闭区间的右边界之和不大于 1。随着区间直觉模糊集理论的深入研究,区间直觉模糊集已经成功应用于解决多准则群决策(Multi – criterion Group Decision Making,MCGDM)问题。

有关区间直觉模糊多准则群决策问题经过多年的发展,无论是在理论研究还是在方法应用方面都取得了丰硕的成果,大体分为以下两个方面。

1. 区间直觉模糊数集结算子

在群决策问题上,对于适当地进行评估的过程,决策者意见集成是非常重要的。1988 年,美国爱纳大学的智能机器研究所主任 Yager R. R 教授提出了一种数据信息集结的有序加权平均(Ordered Weighted Averaging Operator,OWA)算子。多年来,有关该算子的理论研究已引起人们的极大关注,并提出了一些性能良好的改进信息集结算子。Yager 和 Filev[116]开发了一个扩展的算子称为诱导有序加权平均(IOWA)算子。Xu[117]开发了直觉模糊有序加权平均(IFOWA)运算符,以及直觉模糊混合平均(IFHA)算子。此外,Xu 提出了区间直觉模糊有序加权平均(IIFOWA)算子[118]和区间直觉模糊混合聚合(IIFHA)算子[119]。同时,区间直觉模糊有序加权的几何(IIFOWG)算子在文献[120]和[121]中分别被提出。此外,Xu[122]提出的诱导广义区间直觉模糊有序加权平均算子(I – GIIFOWA),适合于广泛区间直觉模糊信息的特殊聚合。

2. 根据决策者权重信息部分已知/完全未知的群决策

由于决策过程中存在主观或者客观的不确定性,在实际决策问题中,属性权重信息往往是部分已知或者完全未知的[123-125]。而在区间直觉模糊多属性决策问题中,如何根据综合决策矩阵以及部分已知或者完全未知的属性权重信息获取属性权重成为目前研究的热点和难点。接下来着重解决属性权重部分已知以及属性权重完全未知的区间直觉模糊多属性群决策问题。

关于属性值为区间直觉模糊数且权重部分确知的模糊多属性决策问题,Li[126]、Xu和Cai[127]利用数学规划的方法解决了属性权重部分已知的区间直觉模糊多属性决策问题。Park等[128]提出了一种方法用于处理多准则区间直觉模糊决策的问题,以及不完整的指标权重信息。

1.3 本书的主要贡献与组织结构

1.3.1 本书的主要贡献

本书在回顾指挥控制过程、介绍模糊逻辑和模糊决策等相关概念后,分析了运用模糊集理论研究指挥控制过程的必要性和可行性,提出并解决了当前一体化联合作战仿真需要迫切解决的指挥控制过程表示和决策框架设计的技术与方法问题,以期提高作战仿真技术的可信性和实用性。相对于之前的研究,本书在模糊逻辑表示推理和模糊决策理论及其理论成果在指挥控制过程表示与决策方面取得了较大的突破,本书的主要贡献是:

(1) 提出了指挥控制过程模糊表示与决策方法的求解框架。

(2) 设计了一种新的模糊描述逻辑 $L-SHOIN$,并在此基础上提出了 OWL 模糊扩展 FOWL。FOWL 既可以进行定量的推理,也可以描述定性的非确定性推理,并以 JC3IEDM 数据模型为基础,给出了面向 FOWL 设计的指挥控制过程模糊本体。

(3) 目前,多数具有指挥控制能力的模型都配备有相应的知识库,以供指挥控制模型调用,从而生成可信、可靠的决策规划方案。知识库的完备性对指挥控制模型的运行速度和效率具有决定性的影响,建立指挥控制模型需要有详细的知识支撑。在基于基本对象模型(Basis Obyect Model,BOM)的联合任务空间模型的基础上,以插件形式为指挥控制实体配备模糊知识库,实现了战术层次指挥实体的自动指挥控制建模、战役层次指挥实体初步的复杂行为建模。

(4) 基于效果作战对于联合作战效能影响较大,赋时影响网就是基于效果作战的一种有效概率网络模型,通过引入模糊贝叶斯决策的方法改进赋时影响网对指挥控制过程进行决策建模,比较了指挥控制过程对决策的影响,并同时提升了赋时影响网推演结果的可信性。

(5) 由于多准则相互之间存在互相影响的关系,为确保指挥控制过程以多位决策参与者群决策的方式对作战行动方案进行优化排序,提出一种结合模糊分析网络过程(FANP)和 VIKOR 的混合多准则模糊群决策方法,实现对作战行动方案进行优化排序,供真实指挥决策参考。

1.3.2 本书的组织结构

本书共 7 章,组织结构如图 1.9 所示。本书的主体分为框架设计、模糊表示技术研究和模糊决策影响研究三部分,加上前面的绪论和后面的总结与展望,构成本书的整篇内容,各章具体内容编排如下。

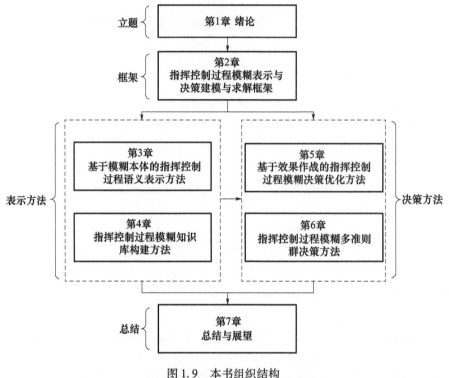

图 1.9 本书组织结构

第 1 章介绍了本书的研究背景、研究问题、相关领域研究现状,以及组织结构等。

第 2 章首先对指挥控制过程的概念内涵、特点及复杂性进行深入分析,接着分析了指挥控制过程表示与决策方法的模糊化建模需求,并对涉及的关键技术分别进行了重点研究,进而提出了指挥控制过程模糊表示与决策方法的求解框架。

第 3 章提出了基于模糊本体的指挥控制过程语义表示方法。首先设计了一种新的模糊描述逻辑 $L-SHOIN$,并在此基础上提出了基于 $L-SHOIN$ 的 OWL 模糊扩展 FOWL。其次面向 FOWL 设计了指挥控制过程模糊本体,并开发了指挥控制过程模糊本体语义验证方法,包括基于模糊描述逻辑和 f-SWRL 的检验方法。

第 4 章讨论指挥控制过程模糊知识库构建方法。通过对 BOM 的指挥控制过程模糊本体的语义附加，设计了基于 BOM 的联合任务空间模型建模框架，并据此设计了用于扩展模型指挥控制功能的模糊知识库。详细介绍了模糊知识库的系统结构和数据模型，并给出了其构建方法。对模糊知识库的组成及工作原理进行了深入研究，在此基础上设计了模糊知识库的构建方法，并给出了其对模糊威胁评估推理分析的应用实例。

第 5 章针对基于赋时影响网进行联合战役分析建模的实际应用需求，设计了基于效果作战的指挥控制过程模糊决策优化方法。通过引入模糊贝叶斯决策的方法更新决策节点的先验概率，给出了基于直觉梯度模糊贝叶斯决策方法的先验概率更新算法，实现了赋时影响网的模糊改进，通过一个防空袭作战规划案例，演示并验证了改进方法的有效性和鲁棒性。

第 6 章为了在认知域中确保指挥控制过程，以多位决策参与者群决策的方式对作战行动方案进行优化排序，提出了一种结合 FANP 和 VIKOR 的混合多准则模糊群决策方法。并给出一个用于优选作战方案的验证案例，在多个指挥控制模型模糊群决策下给出各作战方案的优化序列排列，供指挥员决策参考。

第 7 章是总结与展望，对本书主要研究工作的内容进行了总结，并提出下一步的研究建议。

第2章　指挥控制过程模糊表示与决策建模和求解框架

《孙子兵法》有云:"兵无常势,水无常形。能因敌变化而取胜者,谓之神。"由于信息化战场环境具有高度不确定性与复杂性,要维持战争中的对抗优势就必须根据作战使命与战场环境适时调整组织对抗部署和策略,在战场空间中这种行动包括作战资源配置和部署的调整、作战行动的协同,以及确保这些行动快速、有效、准确的信息链接部署[129-130],并最终完成作战行动方案(Joint Course of Action,JCOA)的快速制定。JCOA 的生成将不仅局限于依据精确的数字,而是依据士气高低、战斗力强弱等模糊概念,并能够运用这些模糊概念及信息进行模糊推理[131]。模糊集合论为解决军事系统的不确定性现象,提供了其他理论所不能胜任的数学工具,成为处理军事模糊现象行之有效的理论和方法,推动了军事系统理论的发展与应用[13]。

2.1　指挥控制过程概述

2.1.1　指挥控制过程的概念内涵

对于指挥控制的定义,各国有不同的理解,如美军将其定义为[132]:部队指挥员合适地行使对所属部队和配属部队的权力。它包括为完成所指派的任务而有效地使用可用资源,组织、指导、协调、控制军事力量并计划其使用的权力和职责,也包含对所指派人员的健康、士气、训练等的职责。2011 版《军语》对指挥控制的定义为:指挥员及其指挥机关对部队作战或其行动掌握和制约的活动。指挥控制的概念不断扩展,如 C^3I、C^4ISR 等,但"指挥"与"控制"的本质是永恒的,那些扩展的概念可以看作"指挥"与"控制"的外延[133]。"指挥"是一个古老的军事术语,过去称为"麾",意为一种旗帜,指挥表示指挥员及其指挥机关对所属部队的作战和军事行动进行的特殊的组织和领导活动。控制表示指挥员对所属部队或组织机构的活动行使的权力。指挥和控制可形式化为二元组 $C = \langle A, R \rangle$,其中,$A = (A_1, \cdots, A_m)$ 表示指挥控制行动的集合,$R = (R_1, \cdots, R_n)$ 表示指挥控制任务行动间的关系集合。

指挥控制本质上是行使权力与指导的一类组织领导活动,而指挥控制过程正反映了这一本质的核心,借鉴文献[15],给出指挥控制过程和联合指挥控制过程的定义。

定义 2.1:指挥控制过程,是指为完成特定的任务,通过搜集情报、态势判断、做出决策,然后根据决策制订预案、分析评估、选优决断、下达命令、监督执行,根据实时战况调整作战计划并下达指令,最终达到一个预期目标的一个闭环的过程。

定义 2.2:联合作战指挥控制过程,是指在多军兵种协同作战条件下实现的指挥控制过程。

指挥控制过程的根本目的是提高组织效率,而这很大程度上是由指挥员行使权力的效率决定的。指挥员所行使的公权力本质上是一种决策权,即组织、调度、计划、监控作战单元完成任务的权力,即指挥控制过程的质量直接受指挥员决策权的行使效率的影响。在军事领域的联合作战中,各作战单元随着作战行动的开展和深入,形成决策末梢交叉分布于整个联合作战战场。随同作战任务和作战区域的关联,各决策单元在决策活动的开展过程中也存在相互间的协同和交流,需要在最短时间内共享彼此的战场认知,形成决策权力分散化之后的协同决策。在协同指挥控制方式下,参加联合作战的军兵种作战单元自身有较强的决策权,但为了完成统一的作战目标,它们也能实施高效的信息共享和协同决策[17]。

2.1.2 指挥控制过程的特点

与传统的指挥控制过程相比,指挥控制过程的最大特点就是以网络为中心、基于信息系统的全面集成,包括跨层次集成、跨功能集成、跨时间集成和跨地域集成[134]。

1. 跨层次集成

跨层次集成是指挥控制过程相对于传统的指挥控制过程最具优势的一个特点。信息化条件下的联合作战指挥控制系统将通过协同过程直接统一多个层次的作战思想。这意味着战场态势感知的优裕度将更高、决策制定过程将更加快速有效、战场管理更为灵活且重点更加突出。指挥官可以使用协同工具更快捷、更好地综合计划,并提供更短的交付周期以及更为详尽的指挥意图理解。

2. 跨功能集成

在跨功能集成方面,联合作战指挥控制系统首先是要打破"烟囱式"系统;其次是要开展数据工程建设,实现数据、信息和知识共享,建立公共作战图,使指挥人员拥有基于同样的基础数据库的基础信息。实现信息共享,使指挥员能使用高质量且快速集成的信息,部队能更快速有效地展开作战行动,完成作战使命。

3. 跨时间集成

跨层次与跨功能之后必然导致跨时间集成。随着作战空间监视以及态势现时性的改进，发现指挥官意图变化所需的时间缩短了，同时提前发现决策需求的机会有所增加。联合作战指挥控制就是为了做出相关能连贯形成一个整体的决策，并且可以根据态势进展情况不定期地迅速更新，而不是试图实现持续时间很长的指挥意图，以使下级有机会制订计划并正确执行任务。

4. 跨地域集成

指挥控制过程必然也是跨越地理限制的指挥控制过程。几乎不需要控制措施(行动的界限)，因为每个部队都需要知道其他部队的位置、状态以及行动。出于同样的原因，提供跨越距离的支持也就更容易。

2.1.3 指挥控制过程的复杂性分析

随着复杂性理论本身的发展，其很多的研究成果被应用于军事复杂系统的研究之中。主要的研究方式是应用复杂性理论去分析军事系统中的某些复杂性特点。例如，应用自组织理论去分析军事系统及其子系统的自组织性，用突变理论去分析作战过程中战场态势变化的突变性，用混沌理论去分析战争系统中的混沌现象，用涌现性理论分析战争系统的涌现性现象，以及用复杂自适应系统理论去分析战争过程中的系统行为等。

指挥控制过程中的复杂性主要表现为难以确定作战行动的效果，从而难以明确整个 JCOA 的有效性和可行性。这主要由作战行动的激烈对抗性、行动与效果之间的复杂因果逻辑关系、作战过程中的随机偶然因素以及认知复杂性等导致[135]。

1. 激烈对抗性

战争是参战双方的殊死搏斗，是双方核心利益冲突无法调节的结果。战争对抗双方争夺或者捍卫的利益往往是集团赖以生存的基础，战争的成败会决定对抗双方利益集团的生死存亡。战胜方可以把自己的意志强加给战败方，一方获得的利益是另外一方失去的利益，战争具有零和博弈的特征，因此作战活动具有激烈的对抗性。战争零和博弈的这种激烈对抗性决定了在作战过程中双方为了获取胜利会想方设法采取针对性的策略，并尽其所能地创新各自的策略，否则就有可能在军事对抗中失败而丧失其核心利益。所以在作战过程中，行动方案的效果会受到敌方对抗性行动的影响，无法从单方面优化行动方案的效果，必须将敌我双方的行动方案统一考虑。

2. 不完全信息

在制订方案的过程中，计划人员难以获取全面的信息，因此总是在不确定条件下进行决策。同时，对抗双方会尽量对己方的信息保密，并隐藏己方的意图，使得一方对另外一方很难获得完全信息。即使在信息技术发达的今天,指挥员可以依靠高精尖的信息技术获取海量信息,决策时也同样面临信息不完全的问题。

3. 随机性与偶然性

作战过程中存在大量的随机因素与偶然因素。随机因素是一种带有规律的不规则性,可以通过统计分析来获得其规律。例如,武器装备的可靠性,可以用概率与数理统计的方法对其进行描述,了解其状态的可能性,但却无法预先确定其状态将来具体的演化过程。偶然性是一种杂乱无章的不规则性,无法总结出其中的规律。战争中的偶然性主要体现在一些偶发事件上。未来战争参战因素多、节奏快,作战过程中不可避免地会发生一些偶然事件。正如克劳塞维茨所说"战争是充满偶然性的领域,偶然性会增加各种情况的不确定性,并扰乱事件的进程"。

4. 复杂因果关系

现代战争的作战空间由传统的陆、海、空扩展至陆、海、空、天、电,作战要素也急剧增加,并且系统要素之间的关系复杂。在作战行动过程中主要表现为行动之间的复杂因果逻辑关系,导致了己方行动之间、己方行动与敌方行动之间相互影响,形成一个复杂因果网络,从而难以确定整个行动方案的效果。

5. 认知复杂性

认知复杂性是指由于认知过程的主体——人的有限知识以及有限认知能力导致的对事物认识产生的不确定性。认知是人类实践活动的基础,人类对事物认知实际上是外部客观世界在头脑中的一种投影。然而,人的认知的有限性使得客观世界在认知主体的观念世界中的投影具有不确定性。认知的复杂性会导致对敌方策略集的不确定性。很多时候,作战行动过程中导致不确定性的主要原因并非信息匮乏,而是未能深刻理解信息或者是对信息的作用未能做出正确的判断。在作战过程中指挥员可以获取海量信息,却遇到了"信息爆炸"的问题,即如何在海量的信息中识别出有用的信息。在这种情况下,不确定性非但没有消减反而更加显著了。

2.2 指挥控制过程模糊化建模研究

2.2.1 指挥控制过程模糊化建模需求分析

在信息化战争条件下,指挥控制过程建模呈现复杂性特征,复杂性源于指挥控制概念的不确定性、指挥控制系统的多样性和指挥控制行为的不确定性,以及指挥控制组织的不确定性,特别是高层次指挥控制行为问题和指挥控制组织体系问题。对于作战仿真中的指挥控制过程建模,其重点在于描述指挥控制节点的指挥控制行为和指挥控制的组织结构关系,以及指挥控制节点之间的信息交互[136]。

指挥控制过程模型应当具备以下功能(图2.1)[137]。

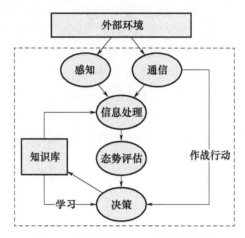

图2.1　指挥控制过程建模功能需求

(1)具备记忆和学习能力。能够通过与环境的交互作用获取新的知识,并不断地把这些新的知识添加到知识库中。

(2)具备知识库。知识库是进行推理的知识来源,它包括地理环境信息、敌方和友邻部队信息、战术规则、经验知识等。由于具有记忆和学习功能,知识库随作战次数及作战经验的增加而不断更新。

(3)具备感知、通信和信息处理能力。能感知外部战场环境的变化,完成情报的搜集、交互、分类处理及综合。

(4)具备态势评估能力。结合由交战规则、实战经验等构成的知识库中的知识,能对接收到的信息进行深入分析判断,包括环境分析、敌我情分析判断等。

(5)具备决策能力。根据态势评估的结果,结合知识库中的交战规则,进行任务规划、生成作战决策、产生作战行动。需要注意的是,作战过程中要始终保持对作战行动的跟踪,当出现突发情况时,要能重新分析战场态势、进行适当的决策调整。

综上,可以将指挥控制过程模糊化建模的功能需求主要分为表示与决策两大部分,下面分别予以介绍。

2.2.1.1　指挥控制过程模糊化表示需求分析

1. 指挥控制过程信息(知识)模糊形式化表示与推理

联合作战对指挥控制系统之间的信息共享提出了较高的要求,要求指挥控制系统能够实现高层次互操作能力的信息交换。当前,不同部门研制的指挥控制系统由于使用不同的知识模型、知识表达形式,造成相互之间很难共享和重用;另外,尽管大部分的指挥控制系统有共同的指挥控制过程问题领域,但实际上是独立设计和开发的,相互之间缺乏对领域概念和关系的共同理解。因此,如何合理组织战场空间中面向指挥控制过程的知识,建立面向联合作战的战场空间指挥控制过程信息基础设施,使得所建立的指挥控制之间的信息可以互相共享,系统之间能够进行互操作、方便集成,进而形成适用于联合作战的信息处理平台。本体技术的发展为解决这一问题提供了新的途径。

指挥控制本体的表示离不开详细的指挥控制知识的支撑,指挥控制建模涉及人工智能、仿真技术、军事科学以及作战条令条例等领域,包括态势评估、决策、学习、协同等智能行为的建模,属于计算机生成兵力(Computer Generated Force,CGF)中行为建模的一个重要应用领域[138]。指挥控制过程建模的核心是模拟指挥人员的思维过程,很难用单纯的数学模型进行模拟。因此,许多工作尝试将人工智能方法引入指挥控制建模,如 ModSAF[139]采用有限状态机方法,CCTT SAF[140]采用基于规则的方法等。

2. 军事分析仿真评估系统

随着信息化战争时代的到来,战争的形态和运行规律发生了巨大的变化,面向实施大规模联合作战和多样化军事任务指挥筹划需要,作为在线辅助决策的重要组成部分,军事分析仿真评估系统(Military Analysis Simulation and Evaluation System,MASES)应具备多元作战力量、多维战场空间、多种行动样式、各类保障系统融为一体的基于信息系统体系作战的模拟评估能力,支持联合作战方案论证选优、作战计划辅助拟制和推演评估、作战实施过程临机辅助决策、联合作战演习,以及作战力量发展论证等功能,通过加速整个作战指挥和控制的信息链来全面提升军队的战斗力[141-142]。

动态性和不确定性是军事复杂系统的典型特征,准确分析和预测复杂系统的行为非常困难。MASES 将仿真系统与实际指挥控制系统有机结合,可以为指挥决策人员提供更准确的分析和预测结果,有效提高决策的灵活性和前瞻性。近年来,随着实体(Agent)建模技术的日渐成熟,越来越多的研究将其应用于指挥控制建模,以更好地描述指挥控制过程中的思维和决策行为。在基于 Agent 技术建模框架的基础上,结合规则方法、案例方法、贝叶斯方法等人工智能理论方法进行推理,自主完成指挥控制的态势评估、任务规划、控制协调等过程[138,143]。在军事作战仿真中,指挥控制体系具有实时性强、动态不确定性及群体性特点,通过构建多 Agent 体系结构来描述指挥决策过程,利用多个指挥决策 Agent 之间的复杂交互有效地实现作战仿真应用的目标。MASES 中的每个作战仿真实体都具有一定的指挥控制能力(决策能力)。实体功能的复杂性决定了不同的实体具有不同的指挥控制能力。例如,一个陆地地雷场指挥控制实体执行一个基本功能,即阻止陆地实体试图突破雷区的限制;一个无穷的超复杂的决策过程是联合部队中的航空部队指挥官下达空中任务分配指令。通过给相关的实体增加一个指挥控制,那么大量的实体将会具有一定的专有的指挥控制功能[144]。

在 MASES 中,所有仿真成员都是一致、平等的,通过 OODA 的建模思路,通过态势进行判断,并选择对自己最有利的作战方案。为此,MASES 需要大量采用人工智能的方法对指挥员进行建模:用户可以输入交战双方部队的兵力计划;建立用于决策的运行机制,提供规则处理机;允许用户通过人机界面改变指挥控制模型关键变量的取值;提供行为模板和规划策略,产生在一定时间内需要仿真兵力执行的任务与计划。同时,MASES 提供丰富的指挥官模型完成态势评估和行动方案选择,提供指挥官行为模型(Commander Behavior Model,CBM),实现对各种方案进行判断和决策。指挥官行为模型采用混合型人工智能系统,通过使用模糊规则集的方式对作战条令条例进行建模和 COA 选择,从而扩充对于态势分析的性能,并使用棋盘竞争的策略执行判断。

以上众多模型智能化功能的实现离不开(模糊)知识库的支持。模糊知识库是模糊专家系统在 MASES 中的实现,模糊知识库中以规则的形式存放着由知识工程师和军事专家总结出来的领域知识。与一般知识库不同,这些规则可以是模糊的或不完全可靠的。通过知识库管理系统完成规则的组织和管理,为模糊推理机提供可用的规则。采用合理的知识模糊化表示方式和有效的获取手段,是专家系统能够拥有足够正确知识的保证。知识的表示方法和知识库的结构直接影响系统的开发难度和运行的效率,对系统的功能扩充和知识扩充也有很大的影响[145]。

MASES 的系统设计,首先借助指挥控制组件实现对各级真实作战实体决策思维过程的抽象,把决策过程和决策能力从仿真模型分离开来;其次对作战仿真实体活动规律或行为过程所依赖的模型数据、军事规则和行为特性进行抽象建模,利用一系列"If – Then – Else"形式的启发式规则来表达知识。设计的核心思想就是把作战仿真实体建设成为一个模型引擎,其决策过程和行为过程都被抽象成能够从外部观察、理解、修改和配置的内容。目前,多数具有指挥控制能力的模型都配备有相应的知识库,以供指挥控制模型调用,从而生成可信、可靠的决策规划方案。知识库的完备性对指挥控制模型的运行速度和效率具有决定性的影响,建立指挥控制模型需要有详细的知识支撑[136]。

2.2.1.2 指挥控制过程模糊化决策需求分析

传统的作战辅助决策分析将决策问题分成三类:确定型决策、风险型决策和非确定型决策[146-147]。

1. 确定型决策

确定型决策是指一个方案只有一个确定的结果。例如,线性规划问题,是假定选择一个行动以后,其结果也就确定了。这种决策是一种程序化的决策,在这种情况下决策者的作用并不太大。

2. 风险型决策

当决策者选择一个行动或方案时,其结果随着状态的变化而不同,可能出现几个不同的结果。其包括令人满意的结果和令人不快的结果,但是,风险型决策是决策者在对事件各种情况下的风险出现的概率充分认识的基础上给出的决策,即此时不同的状态出现的概率是已知的。由于存在不确定因素,决策者必须参与选择,决策者的偏好对决策的选择有着重要影响。因此,现代决策理论认为,决策者是决策的主体。

3. 非确定型决策

非确定型决策是在存在许多不确定的因素或不可控制因素的情况下,一个方案的结果不确定,而这种不确定是在对可能出现的结果没有预先做出概率判断或根本不存在这样一种判断下做出的决策,即此时不同的状态出现的概率是未知的。对这类问题,假定决策者对状态的情况是一无所知的。事实上,在实际生活中,对于决策参数,如概率分布、目标权重、效用以及方案的偏好,经常只有部分知识或不完整的信息,如何将部分知识或不完整的信息结合到决策分析中,以便改进和指导方案的选择,这是非确定型决策研究的热点。

随着军事斗争形式的不断发展,诸军兵种联合作战逐渐成为现代高技术条件下主要的作战样式,在军事学术领域始终是一个重点研究的课题。特别是近年来,随着世界政治形式的发展和军事斗争的需要,联合作战的军事研究作为军事学术的前沿领域受到重视并占有重要的地位[148]。联合作战指挥决策针对的决策问题有许多不确定的因素或不可控制的因素(如作战对象),面对的作战环境具有较强模糊性、或然性,属于非确定型决策。

(1)联合作战决策。联合作战决策是联合作战指挥的核心,是联合作战行动的主要依据。联合作战决策是指负责指挥联合作战的指挥员及其决策机构,为解决联合作战过程中的重要问题,进行分析、判断、探索、评价,直至做出最后决断的活动[149]。高技术条件下联合作战节奏加快、行动复杂、对抗激烈,决策的时间紧、任务重、要求高、环境恶劣,需要多个部门和人员的配合与支持,单纯依靠传统的决策方法和手段,已难以满足联合作战的要求。

联合作战决策是保证作战取得胜利的基础,而作战方案是在确定决策目标之后,由指挥机关根据预想的敌情和应采取的对策拟制而成的[150]。它是对作战进程和战法的基本设想,是形成决心的蓝本。联合作战通常有多个可能的作战方案,需要指挥员根据预期目标和限制条件加以评估,选出可行而又令人满意的方案。然而,由于作战目标和作战环境等限制条件,往往难以用精确的方法来阐述,只能用模糊的、非定量的、难以明确的言语来描述,致使作战方案与某些目标、限制本身变量的关系也显得很模糊。因此,需要建立一套合理的、能帮助决策者做出科学决策的定量分析方法,来解决这种包括定量和非定量的模糊因素的复杂群决策问题[151]。

(2)模糊群决策的需求。在网络中心战下,各决策者间面对的是不同角度下的同一个战场态势。同时,指挥员面临的作战问题非常复杂,单凭指挥员个人智慧,是难以胜任这种复杂决策的,通常是由一群人组成一个指挥群体,共同制定决策和组织实施。由于时间压力、环境不确定性以及意见的不统一,在群决策过程中,决策参与者通常很难确定决策参数(如属性值、属性权重)的准确值。虽然难以准确估计参数的取值,但他们比较容易以区间值、三角模糊数、语言值、序数等不确定形式给出决策参数的信息[152]。

模糊群体决策是讨论如何从个体的优先次序出发得到群体的优先次序,从而做出决策,又称为意见集中排序法。群体决策有着广泛而深刻的实际背景,在军事训练和作战中常遇到各种各样的评选,如评选训练尖子、选择方案等,在各级指挥层更有许多重大问题经过民主讨论,最后集中意见。总之,凡是经过个体讨论达到统一意见的场合都离不开这一关键环节——如集中意见、传统的集体表决、领导裁定等手段都具有不合理之处。因此,给出一种定量决策模型作为定性决策的辅助工具,或者一种决策支持,甚至在可能的情形中取代传统定性方法是十分必要的。

2.2.2 指挥控制过程模糊化建模的关键技术

2.2.2.1 指挥控制过程模糊化表示涉及的关键技术

基于本体的联合作战指挥控制过程语义表示,不仅能够实现联合作战指挥控制过程一致性的描述,在分布式的地理环境下完成共享与集成,还能实现人与机器的无歧义交流。另外,由于联合作战信息网络是一个动态的、开放的、复杂的系统,系统影响因素众多、逻辑关系复杂,因而存在大量模糊性和不确定性,使用模糊描述逻辑对指挥控制过程进行模糊语义表示将极大地提高 MASES 的实用性和可信性。本体能够对特定领域的概念、术语以及关系提供一种形式化的描述方法。尽管本体在知识表示上有很强的能力,但是有一个缺陷,即不能表达不确定和不精确的信息。通过增强本体语言的逻辑基础,为本体语言提供能够表达和处理模糊信息的能力。

模糊推理以模糊集合论为基础描述工具,对以一般集合论为基础描述工具的数理逻辑进行扩展,是不确定推理的一种,在人工智能技术开发中有重大意义[153-154]。在模糊本体表示的基础上,开发指挥控制模型的知识库(Knowledge Base,KB)以支持模糊推理[155-156]。国外多数具有指挥控制能力的模型多配备有相应的知识库,知识库中分类录入了各种作战条令条例、战术原则、交战规则以及经典战例等,以供指挥控制模型调用,从而生成可信、可靠的决策规划方案[138]。但是在指挥员的决策思维中,推理过程常常是近似的。例如,根据条件语句(假言)"若气象情况良好",则"战略部署条件成熟"和前提(直言)"若气象情况非常良好",立即可得出结论"战略部署条件非常成熟"。这种不精确的推理不可能用经典的二值逻辑或多值逻辑来完成。而模糊推理可以较好地解决这类问题,将传统的产生式规则等技术与模糊推理功能相结合,实现态势评估、作战方案的选择等。

2.2.2.2 指挥控制过程模糊化决策涉及的关键技术

以往的不确定性决策中应用比较广泛的是概率技术,而不确定性一般分为随机不确定性和认知不确定性两类[74]。随机不确定性一般直接基于概率方法进行描述和分析。概率论研究历史较长,已具备完善的数学理论基础,在实际工程应用中也更加普及,因此目前基于概率论展开的随机不确定性分析研究更加广泛。对于认知不确定性,需要根据具体特点选择相应数学工具进行描述,目前广泛采用的方法包括证据理论(Evidence Theory)、模糊集合(Fuzzy Set)与可能性理论(Possibility Theory)、区间分析方法(Interval Analysis)、凸集方法(Convex Modeling)等,统称为非概率(Non-probabilistic Approaches)或者不精确概率(Imprecise Probability)方法[157]。而对于由于设计人员主观定义边界模糊或表述含糊导致的不确定性,且不同人员对同一事物的认识因个人经验或偏好不同而存在差异,采用模糊集合理论比较合适。

模糊性与随机性都是不确定性,似乎有某种类似,但两者之间存在着本质区别:随机性是事物发生的不确定性,模糊性是事物本义的不确定性;随机性是由于因果律破损造成的不确定性,模糊性是由于排中律破坏而造成的不确定性;随机性满足广义因果律(概率规律),模糊性则从中介过渡中寻找非中介倾向性(隶属度);随机数学的产生体现了人类在处理必然性和偶然性这一对矛盾时,抓住了必然性是矛盾的主要方向,模糊数学的产生是人类在处理分明性与模糊性这一对矛盾时,为使分明性处于矛盾的主要方面而作的一种努力;概率是必然的东西,它隐藏在随机事件的背后,并非事物的原形,但却更深刻地反映了事物的本质,隶属度也并非事物的原形,但这种抽象更准确地揭示了事物对某个模糊概念的关系。虽然二者有所不同,但不能排除使用概率来处理模糊度的可能。概率至少是面对复杂真实世界的一个开放的思维,而模糊逻辑作为一种近似推理范式,容易使用并足够应付许多通常的应用[158]。

随着现代战争的复杂性不断提高,"方案设计"难度增大,决策者陷入了另一个"战争迷雾"中。基于效果作战对各国军队的吸引力,就是它提示作战计划的制订者,不要太关注作战方程式和目标列表,而是要重新考虑所执行的作战任务与国家战略的关系,进一步深入分析并发现敌方作战的弱点[159]。通过行动产生杠杆作用是基于效果作战的核心思想——用少量的作战力量获得更多利益。

基于效果作战(Effect Based Operation,EBO)由美国空军少将 Deptula[160] 提出,并在其工作报告中详细阐述这一概念的内涵,是由军事变革、精确制导武器和信息技术催生的新概念。EBO 作为一种指导思想是指:"通过在战略、战役和战术层次,以协调增效和积累的方式,运用全部军事和非军事力量,获得所期望的战略效果。"[161-162] Deptula 指出:面向 EBO 的战争不仅仅是摧毁和打击敌人的有生力量,而是通过达到想要实现的效果完成目标。EBO 是一个通过连接各种部件以一种集成的、唯一的方式实现作战目标的跳板。EBO 引入了一种新思想:通过破坏敌方作战能力的一致性来实现快速胜利。从这个角度出发,军事问题可以通过探索知识、精确性和移动性中的非对称优势以求解,将敌方预想为一个具有复杂性和可适应性特征的系统。将效果引入作战规划中,考虑的重点将由目标的毁伤转移至特定的效果[163]。

1. 赋时影响网

为了描述不确定条件下指挥控制决策事件与效果之间具有时间特性的因果影响关系,Lindstrøm 等人在 Noisy - or Gate 和贝叶斯网方法的基础上添加一些特别的时间逻辑组件集,称为赋时影响网(Timed Influence Net,TIN)[164]。赋时影响网络综合考虑了作战行动的开始时间、持续时间、影响的时效以及战场信息传递延迟的问题[165]。但是 TIN 缺乏描述具有动态时间特性的因果影响关系能力[166]。一方面,由时间影响网络潜在的无记忆性(Memoryless)假设,即事件发生概率只与当前的行动序列相关,而与之前的行动序列无关,所以不管作战行动的执行时间如何变化,最终效果是不变的。另一方面,赋时影响网中因果影响强度始终保持一致,不能描述影响强度的时间变化性对最终效果的影响。

而指挥控制过程是个动态和连续的闭环调节过程,并涉及不同作战域(包括认知域、信息域和物理域)的多个操作环节。在信息域中,数据融合等处理算法可用解析或表格方法描述,对系统性能的影响是确定和可预知的;而在认知域中,信息处理环节则具有方法不确定、存在时变性、难以用解析公式表达等特点,因此这些环节对系统的影响是不容易把握的。态势认识是指挥控制过程在认知域中的重要环节,认识共享是改进态势认识、减少认识偏差的重要手段[167]。前面介绍的赋时时间网及其改进模型在求解指挥控制模型决策中的效能评估过程中存在一些不足之处,如先验概率基本都是人为指定的(一般情况下取 0.5),没有考虑真实战场作战态势对输入想定(Scenario)所描述的可控事件/行动节点的先验概率的实时影响;每一个作战行动的开始执行时间、持续时间、影响的时效统一化或简单线性变化,不能真实反映战场信息的传递延迟等。因此,需要对TIN 模型进行适当的改造,以适应复杂战场态势对真实决策的影响。

2. 联合作战行动方案评估

面向联合作战的作战行动方案(JCOA)是联合作战指挥控制过程决策方法应用的结果。对作战行动方案进行有效的评估论证,是联合作战决策的重要步骤,也是对决策人员进行有效决策支持的重要工作之一。但 JCOA 优选问题往往带有极大的模糊性,而传统的依靠指挥员的经验、智慧和胆略的定性分析方法难以客观定量地分析这类复杂决策问题的本质。另外,不同指挥员对同一决策问题具有不同的判断决心,信息化战争瞬息万变、错综复杂,单凭指挥员专家群体的军事素养和经验难以实时地做出正确判断,而模糊评判理论的提出为在认知域中实现指挥控制过程以群决策的方式对 JCOA 进行多准则模糊决策提供了一种有效的方法。针对行动方案评估元素之间相互影响的网络关系和多准则之间存在冲突的问题,引入三角模糊理论和直觉模糊理论表达信息的不确定性,尝试解决具有多种偏好信息的多指挥人员的群决策问题。

2.3 指挥控制过程模糊化求解流程

在分析了指挥控制过程模糊化建模需求分析和涉及的关键技术基础上,设计指挥控制过程模糊化求解流程,分为表示和决策两大部分。指挥控制过程的模糊表示分为两类:一类是形式化模糊表示,以本体的形式对联合作战指挥控制过程进行规范化的定义;另一类是联合任务空间基本对象模型(Joint Mission Space Basis Object Model,JMSBOM),可以作为仿真系统的实现模型,并为其设计了知识库插件。指挥控制过程的模糊决策分为两类:一类是针对真实战场作战态势对输入想定所描述的可控事件/行动节点的实时影响,通过模糊贝叶斯决策改进先验概率,用于克服当前赋时影响网改进模型的不足;另一类是面向 JCOA 的效能评估指标体系,设计了基于模糊网络分析法(Analytic Network Process,ANP)和模糊 VIKOR 的集成多准则群决策方法,在已有信息条件下进行多方案选优。

指挥控制过程模糊表示与决策逻辑求解流程如图 2.2 所示。首先采用模糊本体对指挥控制过程进行模糊形式化表示,并对其进行两级语义验证。其次在BOM 的基础上设计 JMSBOM,由于 BOM 缺乏语义信息,所以由指挥控制过程模糊本体对 JMSBOM 进行语义补充,增强其语义表示能力,并为 JMSBOM 增加模糊知识库插件,在产生式规则下能够进行自定义指挥控制决策。另外,面向基于效果作战的实现工具之一赋时影响网,为了满足指挥控制过程对其推演的影响,首先以贝叶斯估计对其进行态势更新;其次模糊化赋时影响网,使其能够反映模糊思维决策对作战效果的影响评估；最后，由于模糊群决策中的各类准则之间存在相互影响的关系，采用 FANP 的方法获取准则集的权重，以及模糊 VIKOR 方法融合决策者的主观偏好、综合多个指挥员的意见进行多准则群决策，最终给出行动方案的优化排序。

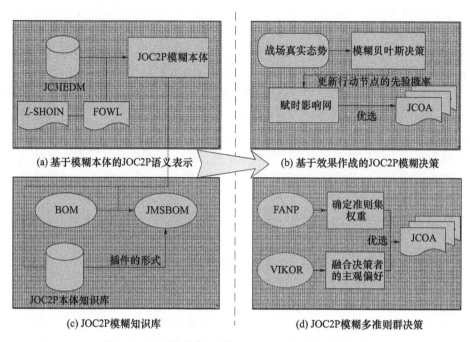

图 2.2　指挥控制过程模糊表示与决策逻辑求解流程

2.4　本章小结

本章对指挥控制过程模糊表示与决策求解框架进行了研究。首先介绍了指挥控制过程的基本理论，包括概念内涵、特点、复杂性分析和建模所要求具备的功能；在此基础上，分析了指挥控制过程的功能需求，并建立了具有层次结构的系统概念框架。该框架分为 2 个层次，即表示方法和决策方法；4 个部分，即基于模糊本体的指挥控制过程语义表示方法、本体驱动的指挥控制过程模糊知识库研究、基于效果作战的指挥控制过程模糊决策优化方法、指挥控制过程模糊多准则群决策方法研究。对其中涉及的关键技术问题进行了分析，本书的后续章节将重点对这两层中涉及的关键技术进行研究。最后给出了指挥控制过程模糊表示与决策逻辑求解流程。本章在全文中起到总括的作用，为后续研究工作的展开奠定了基础。

第3章 基于模糊本体的指挥控制过程语义表示方法

从目前对联合作战指挥控制过程(指挥控制过程)的研究和认识来看,严格建立包含人在内的智能化指挥控制过程的完备概念模型是不现实的,原因在于指挥控制过程本身极其复杂,既无完整的理论支持,也缺乏基本设计方法。本体技术的发展为解决这一问题提供了新的途径。但是目前的 OWL 只能处理精确和完备的知识及其推理任务[168],故尝试模糊化本体用以表示指挥控制过程。本章首先分析了指挥控制过程模糊本体的开发需求,并设计了一种新的模糊网络本体语言(Fuzzy Web Ontology Language,FOWL);其次提出了面向 FOWL 的指挥控制过程模糊本体表示开发方法;最后设计了指挥控制过程模糊本体的语义验证方法。

3.1 指挥控制过程模糊本体的开发需求

联合作战已成为现代战争的主要样式,迫切需要在多军兵种指挥控制系统之间实现方便、及时、灵活、有效的信息共享,要求指挥控制系统在语义互操作能力的高层次上交换信息:信息交换的内容被无歧义地定义,数据的语境被共享。解决办法是构建一个表达指挥控制过程领域的共享模型的通用本体。本体技术的发展为在指挥控制领域实现语义层次的互操作能力提供一个新的途径。

随着标准化信息技术的发展,本体语言在语义描述能力上的差异以及搜索能力不断得到进化,如图 3.1 所示。分类表(Taxonomy)和术语表(Thesaurus)是最初本体的典型代表,只能表现概念之间简单的超类/子类或者广义/狭义的关系;概念模型(Conceptual Model)和逻辑理论(Logical Theory)在表现数据符号信息的基础上增强了对数据语义信息的表现能力;随着 XML 的广泛应用,很多本体语言都以 XML 为基础。本体建模语言从仅能保证数据层互操作的 Rational Model、XML,发展到保证语法结构层互操作的 ER Model、资源描述框架(Resource Description Framework,RDF),再发展到用于语义层互操作描述的基于描述逻辑的 OWL 语言[169-170]。网络本体语言是 W3C 开发的一种网络本体语言,用于对本体进行语义描述,目前,该语言已经成为 W3C 的标准。

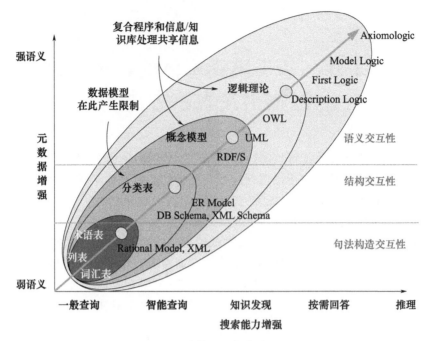

图 3.1　本体的互操作性发展

但是,目前的 OWL 语言只能处理精确和完备的知识及其推理任务,模糊扩展 OWL 语言以表示模糊本体,使其能表达和推理不确定、不精确和不完备的知识[168],对于智能化表示指挥控制过程具有很高的理论和现实意义。模糊本体具有以下优点:

(1)模糊本体是人与自然思维一致的描述形式。

(2)模糊本体一致的表示、适于分布式的共享与集成。

(3)模糊本体是机器能够理解的语言。

(4)与描述逻辑和一阶逻辑的结合应用,能够实现模糊本体双重语义表示的校验。

综上所述,选择 OWL 的模糊扩展 FOWL 作为指挥控制过程本体表示语言。指挥控制过程模糊扩展本体能够在各类异构的指挥控制系统、仿真系统、参与的人员之间方便地实现包含模糊语义的信息交换,并能提供共同理解的机制。指挥控制过程模糊本体的功能如下:

(1)为不同人员和仿真实体提供有关信息结构的共同理解。

(2)可以将数据模型(该数据模型描述实体之间的关系、实体的属性以及属性的可能取值)的应用映射到不同的条令。

(3)使条令假设清晰化。

(4)将条令概念从数据模型中分离出来。

(5)分析模糊语义的含义。

由于标准化语义网语言无法表示模糊信息,当前普遍采用两种方法解决这个问题:扩展当前的语义网语言标准表示模糊信息,或者使用当前标准化的语义网语言(OWL)表示模糊信息。使用标准 OWL 扩展模糊信息只能利用已有的 <Annotation> 项附加模糊语法表示,极大地限制了模糊扩展的使用范围。因此,本书采用前一种方法对语义网语言进行模糊扩展,进而对指挥控制过程进行语义表示,并设计了两级推理验证算法实现指挥控制过程的语义验证。

3.2 模糊本体语言 FOWL

使用模糊集理论对语义网本体语言 OWL 的扩展称为 FOWL(Fuzzy OWL)。下面首先介绍 FOWL 的形式化基础模糊描述逻辑 $L\text{-}\mathcal{SHOIN}$。

3.2.1 模糊描述逻辑 $L\text{-}\mathcal{SHOIN}$

$\mathcal{SHOIN}$ DL[171]是一类重要的形式化描述逻辑,将其真值空间扩充到剩余德摩根格(Residuated De Morgan Lattice)上,即 $L\text{-}\mathcal{SHOIN}$。$L\text{-}\mathcal{SHOIN}$ 为 $L\text{-}\mathcal{SHI}$[104]基础上附加枚举个体和数量约束模糊构造算子扩展而成,同时又是 $f\text{-}\mathcal{SHOIN}$[92]的剩余德摩根格模糊泛化类型。与 $L\text{-}\mathcal{SHI}$ 类似,$L\text{-}\mathcal{SHOIN}$ 描述逻辑系统允许一个句子的真值是一个取值于完备格的备值,此备值表示一个句子为真的程度,即既可以进行定量的推理,如基于集合 $\{0/n, 1/n, \cdots, n/n\}$ $(n \in N)$,也可以描述定性的非确定性推理,如真值集为 $\{false, likelyfalse, unknown, likelytrue, true\}$。

令 $L = \langle \ell, \wedge, \vee, \odot, 0, 1 \rangle$ 是一个剩余格[172-173],L 是一个有限格值,最大值为 1,最小值为 0,$\leq, \geq$ 是 ℓ 上的偏序关系,与 $\leq, \geq$ 相关的有二元算子 $\vee, \wedge$ 为交与并,$\odot$ 为融合算子。在有限域内符合分配率的格 L 上附加一个对合和非单调二元算子 $\sim$(德摩根否定),对于所有的 $\ell_1, \ell_2 \in L$ 满足德摩根律:$\sim(\ell_1 \vee \ell_2) = \sim\ell_1 \wedge \sim\ell_2$,称为德摩根格。符合剩余和德摩根双重定义的格称为剩余德摩根格。

定义 3.1(语法):设 $\mathbf{C}, \mathbf{R_A}, \mathbf{I_A}$ 为概念名、关系名和个体的集合。$L\text{-}\mathcal{SHOIN}$(复杂)关系集定义为 $\mathbf{R_A} \cup \{r^- | r \in \mathbf{R_A}\}$,其中 r^- 为 r 的逆关系。R_A^+ 是可传递关系集,当 r 或 r^- 属于 R_A^+,角色 r 是可传递的。设 $C, D \in \mathbf{C}$,简单关系①$r, s \in \mathbf{R_A}, o_i \in \mathbf{I_A}$,对于 $1 \leq i \leq m, p \in N, \alpha_i \in [0,1]$,$L\text{-}\mathcal{SHOIN}$ 的概念由下列产生式规则获得:

$C, D \rightarrow \top | \bot | C \sqcap D | C \sqcup D | \neg C | \exists R.C | \forall R.C | \{(o_1, \alpha_1), \cdots, (o_m, \alpha_m)\} | (\geq nR) | (\leq nR)$

---

① 关系是不可传递的或不包含任何可传递的子关系,则该关系为简单关系,否则为复杂关系。简单关系的约束对于保持描述逻辑可判定性非常重要[85]。

定义 3.2(语义):对于剩余德摩根格 L,其语义解释为二元组 $\mathcal{I}=(\Delta^{\mathcal{I}},\cdot^{\mathcal{I}})$,其中,$\Delta^{\mathcal{I}}$ 为解释域,$\cdot^{\mathcal{I}}$ 为解释函数映射。

(1)个体 $a\in \mathbf{I}$ 映射为 $a^{\mathcal{I}}\in\Delta^{\mathcal{I}}$;

(2)概念 $A\in \mathbf{C}$ 映射为 $A^{\mathcal{I}}:\Delta^{\mathcal{I}}\to L$;

(3)角色名 $R\in \mathbf{R}$ 映射为 $R^{\mathcal{I}}:\Delta^{\mathcal{I}}\times\Delta^{\mathcal{I}}\to L$。

设 C 为概念,s 是为复杂角色,a、b 为个体名称,详细的语义解释①如表 3.1 所示。

表 3.1 $L-\mathcal{SHOIN}$ 概念和 $L-\mathcal{SHOIN}$ 角色的语义

构造器	语法	语义
Top	$\top$	$\top^{\mathcal{I}}(x)=1$
Bottom	$\bot$	$\bot^{\mathcal{I}}(x)=0$
Conjunction	$C\sqcap D$	$(C\sqcap D)^{\mathcal{I}}(x)=C^{\mathcal{I}}(x)\otimes D^{\mathcal{I}}(x)$
Disjunction	$C\sqcup D$	$(C\sqcup D)^{\mathcal{I}}(x)=C^{\mathcal{I}}(x)\oplus D^{\mathcal{I}}(x)$
General negation	$\neg C$	$(\neg C)^{\mathcal{I}}(x)=\sim C^{\mathcal{I}}(x)$
Implication	$C\to D$	$(C\to D)^{\mathcal{I}}(x)=C^{\mathcal{I}}(x)\Rightarrow D^{\mathcal{I}}(x)$
Exists restriction	$\exists s.C$	$\exists(s.C)^{\mathcal{I}}(x)=\vee_{y\in\Delta^{\mathcal{I}}}\{s^{\mathcal{I}}(x,y)\Rightarrow C^{\mathcal{I}}(y)\}$
Value restriction	$\forall s.C$	$\forall(s.C)^{\mathcal{I}}(x)=\wedge_{y\in\Delta^{\mathcal{I}}}\{s^{\mathcal{I}}(x,y)\otimes C^{\mathcal{I}}(y)\}$
Nominals(o_i)	$\{(o_1,\alpha_1),\cdots,(o_m,\alpha_m)\}$	$\{(o_1,\alpha_1),\cdots,(o_m,\alpha_m)\}^{\mathcal{I}}(x)=\sup\{\alpha_i\mid x=o_i^{\mathcal{I}}\}$
At–most restriction	$(\leq nR)^{\mathcal{I}}(x)$	$(\leq nR)^{\mathcal{I}}(x)=\wedge_{y_1,\cdots,y_{n+1}}\vee_{i=1}^{n+1}\{\sim R^{\mathcal{I}}(x,y_i)\}$
At–least restriction	$(\geq nR)^{\mathcal{I}}(x)$	$(\geq nR)^{\mathcal{I}}(x)=\vee_{y_1,\cdots,y_n}\wedge_{i=1}^n\{R^{\mathcal{I}}(x,y_i)\}$

定义 3.3:$L-\mathcal{SHOIN}$ 的模糊知识库(Fuzzy Knowledge Base,FKB)$\Sigma=(\mathcal{A},\mathcal{R},\mathcal{T})$,包括模糊 ABox $\mathcal{A}$、模糊 RBox $\mathcal{R}$、模糊 TBox $\mathcal{T}$。

模糊 TBox 是通用概念包含(General Concept Inclusion,GCI)$C\sqsubseteq D$ 的有限集。模糊 ABox 是 $L-$ 断言的有限集,包括 $L-$ 概念断言 $\langle a:C\bowtie\ell\rangle$ 和 $L-$ 关系断言 $\langle(a,b):s\bowtie\ell\rangle$,其中 $\ell\in L$,$\bowtie\in\{<,\leq,>,\geq\}$,$a,b\in\mathbf{I}_A$,$a=b$ 或 $a\neq b$。模糊 RBox 包含两部分:一部分为由关系包含公理(Role Inclusion Axiom,RIA)组成的关系层次 R_h,RIA 的形式为 $R_1\cdots R_n\sqsubseteq S$,其中 $R_1\cdots R_n,S$ 为 $L-\mathcal{SHOIN}$ 关系;另一部分为关系断言 R_a,对于 $R,S\neq U$,关系公理 $\text{Trans}(R)$,$\text{Irr}(R)$,$\text{Sym}(R)$,$\text{ASym}(R)$,$\text{Dis}(R,S)$ 称为关系断言。

定义 3.4:给定一个 $L-$ 解释 $\mathcal{I}$:

(1)$\mathcal{I}$ 满足 $\langle a:C\bowtie\ell\rangle$ 当且仅当 $C^{\mathcal{I}}(a^{\mathcal{I}})\bowtie\ell$;

---

① 特别注意的是,与经典描述逻辑不同,存在量词和全称量词无法相互转换,即 $(\neg\exists s.C)^{\mathcal{I}}(x)\neq(\forall s.\neg C)^{\mathcal{I}}(x)$。

(2)$\mathcal{I}$ 满足 $\langle(a,b):s \bowtie \ell\rangle$ 当且仅当 $R^{\mathcal{I}}(a^{\mathcal{I}},b^{\mathcal{I}}) \bowtie \ell$；

(3)$\mathcal{I}$ 满足 $a \neq b$ 当且仅当 $a^{\mathcal{I}} \neq b^{\mathcal{I}}$。

L-解释 $\mathcal{I}$ 满足 L-$\mathcal{SHOIN}$ 的 ABox $\mathcal{A}$ 当且仅当解释满足 $\mathcal{A}$ 中所有断言，在这种情况下，$\mathcal{I}$ 是 $\mathcal{A}$ 的一个模型。此外，L-解释 $\mathcal{I}$ 满足 L-$\mathcal{SHOIN}$ 的知识库 Σ 当且仅当解释满足 Σ 中所有公理，在这种情况下，$\mathcal{I}$ 是 Σ 的一个模型。据此，给出定理 3.1[96]。

定理 3.1：L-$\mathcal{SHOIN}$ 的知识库 Σ 是满足的（不满足的）当且仅当存在（不存在）一个满足 Σ 中所有公理（断言）的 L-解释 $\mathcal{I}$。

定义 3.5(witnessed 模型)：设 $n \in N$，本体 $\mathcal{O}$ 中的模型 $\mathcal{I}$ 称为 n-witnessed，如果对于每个 $x \in \Delta^{\mathcal{I}}$、每个角色 s 和每个概念 C，存在：

(1) $\|(\forall s.C)^{\mathcal{I}}(x)\|_M = \inf_{b \in y_i} \|s^{\mathcal{I}}(x,y_i) \otimes C^{\mathcal{I}}(y_i)\| = s^{\mathcal{I}}(x,b) \otimes C^{\mathcal{I}}(b)$；

(2) $\|(\exists s.C)^{\mathcal{I}}(x)\|_M = \sup_{b \in y_i} \|s^{\mathcal{I}}(x,y_i) \Rightarrow C^{\mathcal{I}}(y_i)\| = s^{\mathcal{I}}(x,b) \Rightarrow C^{\mathcal{I}}(b)$。

特别地，如果 $n=1$，$\exists s.C$，$\forall s.C$ 上确界和下确界的语义分别为最大值和最小值，此时模型 $\mathcal{I}$ 为 witnessed 模型。由于 L 是有限格，$n \in N$，故 L-$\mathcal{SHOIN}$ 同样为 n-witnessed 模型。

witnessed 模型是模糊逻辑中的一个重要概念[93,174]。

定理 3.2：本体 $\mathcal{O}$ 是一致的，如果它存在一个模型，本体是 witnessed 一致的，如果它存在一个 witnessed 模型[175]。

即模糊描述逻辑的一致性并不保证存在一个 witnessed 模型，如模糊 $\mathcal{ALC}$[154]。而标准的模糊描述逻辑推理均约束为 witnessed 一致的[176]。类似 $\mathcal{ALCI}_L$[101]，给出以下引理。

引理 3.1：如果 L 真值空间格集的基数为 n，则 L-$\mathcal{SHOIN}$ 为 n-witnessed 模型。

类似其他大部分模糊逻辑[177-178]，L-$\mathcal{SHOIN}$ 中的许多推理问题（如概念可满足性、知识库可满足性、概念包含等）都可以归结为 ABox（及 RBox）的一致性判定问题。不失一般性，本书的推理问题局限为 witnessed 模型。

3.2.2 基于模糊逻辑 L-$\mathcal{SHOIN}$ 的 OWL 扩展

基于 L-$\mathcal{SHOIN}$，通过向 OWL 事实中引入隶属度，并参考 OWL 的 RDF/XML 格式的语法形式，重新编码 OWL 中的描述算子[179-180]，对其进行剩余德摩根格模糊扩展，从而能够表示模糊本体知识与数据，并将模糊扩展后的 OWL 称为 FOWL。

假定 FOWL 是模糊知识的命名空间①，参考文献[168,179-181]，给出

---

① 各种类描述（交、并、补等）和术语公理（概念特化、概念定义等）采用与 OWL 相似的表示方式。

FOWL 类的语法形式及对应的描述逻辑 $L-\mathcal{SHOIN}$ 的语法、语义形式(表 3.2),其中,$C_1,\cdots,C_n$ 是模糊概念,R 是模糊抽象关系。

表 3.2 FOWL 类和属性描述

抽象语法	$L-\mathcal{SHOIN}$ 语法	$L-\mathcal{SHOIN}$ 语义
Class	$A(URIref)$	$A^{\mathcal{I}}:\Delta^{\mathcal{I}}\rightarrow[0,1]$
Thing	$\top$	$\top^{\mathcal{I}}(x)=1$
Nothing	$\bot$	$\bot^{\mathcal{I}}(x)=0$
IntersectionOf($C_1,\cdots,C_n$)	$C_1\cap\cdots\cap C_n$	$C_1(x)\wedge\cdots\wedge C_n(x)$
UnionOf($C_1,\cdots,C_n$)	$C_1\cup\cdots\cup C_n$	$C_1(x)\vee\cdots\vee C_n(x)$
ComplementOf(C)	$\neg C$	$C_1(x)\vee\cdots\vee C_n(x)$
OneOf($o_1,\cdots,o_k$)	$\{o_1\}\cup\cdots\cup\{o_k\}$	$(\{o_1\}\cup\cdots\cup\{o_k\})^{\mathcal{I}}(x)$
restriction(R someValuesFrom(C))	$\exists R.C$	$\sup_{y\in\Delta^{\mathcal{I}}}\{R^{\mathcal{I}}(x,y)\Rightarrow C^{\mathcal{I}}(y)\}$
restriction(R allValuesFrom(C))	$\forall R.C$	$\inf_{y\in\Delta^{\mathcal{I}}}\{R^{\mathcal{I}}(x,y)\otimes C^{\mathcal{I}}(y)\}$
restriction(R value(o))	$\exists R.\{o\}$	$R^{\mathcal{I}}(x,o^{\mathcal{I}})$
restriction(R cardinality(n))	$\geq nR\cup\leq nR$	$t((\geq nR)^{\mathcal{I}}(x),(\leq nR)^{\mathcal{I}}(x))$
restriction(atLeastNumber(n))	$\geq nS.C$	$\sup_{y_i\in\Delta^{\mathcal{I}}}\{\min_{i=1}^{n}[S^{\mathcal{I}}(x,y_i)\otimes C^{\mathcal{I}}(y_i)]\otimes[\otimes_{j<k}\{y_j\neq y_k\}]\}$
restriction(atMostNumber(n))	$\leq nS.C$	$\inf_{y_i\in\Delta^{\mathcal{I}}}\{\min_{i=1}^{n+1}[S^{\mathcal{I}}(x,y_i)\otimes C^{\mathcal{I}}(y_i)]\Rightarrow[\otimes_{j<k}\{y_j=y_k\}]\}$

根据模糊集合理论及参考文献[168,179-182]对 OWL 事实的模糊语义解释可以进一步扩展到解释 OWL 公理,包括类公理、属性公理及个体公理,如表 3.3 所列①。从语义解释的角度来看,表 3.3 中第 1 列的 OWL 公理是可满足的,当且仅当对应的第 3 列公式是可满足的,其中 $\mathcal{J}$ 表示模糊推论函数,给出谓词 $A\rightarrow B$ 的格值。

表 3.3 FOWL 类和属性公理

FOWL 语法	$L-\mathcal{SHOIN}$ 语法	$L-\mathcal{SHOIN}$ 语义
Class(A partial $C_1,\cdots,C_n$)	$A\subseteq\{C_1\sqcap\cdots\sqcap C_n\}$	$A^{\mathcal{I}}\subseteq\{C_1^{\mathcal{I}}\cap\cdots\cap C_n^{\mathcal{I}}\}$
Class(A complete $C_1,\cdots,C_n$)	$A\equiv\{C_1\sqcap\cdots\sqcap C_n\}$	$A^{\mathcal{I}}=\{C_1^{\mathcal{I}}\cap\cdots\cap C_n^{\mathcal{I}}\}$
EnumeratedClass($A\ o_1,\cdots,o_n$)	$A\equiv\{o_1,\cdots,o_n\}$	$A^{\mathcal{I}}=\{o_1^{\mathcal{I}},\cdots,o_n^{\mathcal{I}}\}$
SubClassOf(C_1,C_2)	$C_1\subseteq C_2$	$C_1\subseteq C_2$

---

① 如果没有显式地注明某一个体公理的隶属度值,那么说明这条个体公理的隶属度值为 1。

续表

FOWL 语法	$L-\mathcal{SHOIN}$ 语法	$L-\mathcal{SHOIN}$ 语义
EquivalentClasses$(C_1,\cdots,C_n)$	$C_1 \equiv \cdots \equiv C_n$	$C_1^{\mathcal{I}} = \cdots = C_n^{\mathcal{I}}$
DisjointClasses$(C_1,\cdots,C_n)$	$C_i \sqsubseteq \neg\, C_j$	$C_i^{\mathcal{I}} \sqsubseteq \neg\, C_j^{\mathcal{I}}, 1 \leq i \leq j \leq n$
SubPropertyOf(R_1,R_2)	$R_1 \sqsubseteq R_2$	$R_1^{\mathcal{I}}(a,b) \sqsubseteq R_2^{\mathcal{I}}(a,b)$
EquivalentProperties$(R_1,\cdots,R_n)$	$R_1 \equiv \cdots \equiv R_n$	$R_1^{\mathcal{I}}(a,b) = \cdots = R_n^{\mathcal{I}}(a,b)$
ObjectProperty$($Rsuper$(R_i))$	$R \sqsubseteq R_i$	$R^{\mathcal{I}}(a,b) \sqsubseteq R_i^{\mathcal{I}}(a,b)$
domain$(C_1)\cdots$domain(C_k)	$\exists R.\top \sqsubseteq C_i$	$R^{\mathcal{I}}(a,b) \sqsubseteq C_i^{\mathcal{I}}(a)$
range$(C_1)\cdots$range(C_k)	$\top \sqsubseteq \forall R.C_i$	$1 \sqsubseteq \mathcal{J}(R^{\mathcal{I}}(a,b),C_i^{\mathcal{I}}(b))$
[InverseOf(S)]	$R \equiv S^-$	$R^{\mathcal{I}}(a,b) = (S^-)^{\mathcal{I}}(a,b)$
[Symmetric]	$R \equiv R^-$	$R^{\mathcal{I}}(a,b) = (R^-)^{\mathcal{I}}(a,b)$
[Functional]	$\top \sqsubseteq 1R$	$\inf_{b_1,b_2 \in \Delta^{\mathcal{I}}} \mathcal{J}(t_{i=1}^2 R^{\mathcal{I}}(a,b_i), b_1=b_2) \geq 1$
	Func(R)	$R^{\mathcal{I}}(a,b_i) > 0, R^{\mathcal{I}}(a,b_j) > 0 \rightarrow b_i = b_j$
[InverseFunctional]	$\top \sqsubseteq 1R^-$	$\inf_{b_1,b_2 \in \Delta^{\mathcal{I}}} \mathcal{J}(t_{i=1}^2 (R^-)^{\mathcal{I}}(a,b_i), b_1=b_2) \geq 1$
	Func(R^-)	$R^{\mathcal{I}}(b_i,a) > 0, R^{\mathcal{I}}(b_j,a) > 0 \rightarrow b_i = b_j$
[Transitive]	Trans(R)	$\sup_{b \in \Delta^{\mathcal{I}}} t(R^{\mathcal{I}}(a,b), R^{\mathcal{I}}(b,c)) \leq R^{\mathcal{I}}(a,c)$
Individual$(o;$type$(C_i)[\bowtie][n_i])$	$(o:C_i) \bowtie n_i$	$C_i^{\mathcal{I}}(o^{\mathcal{I}}) \bowtie n_i, m_i \in [0,1], 1 \leq i \leq h$
value$(R_i,o_i)[\bowtie][n_i]$	$((o,o_i):R_i)\bowtie n_i$	$R_i^{\mathcal{I}}(o^{\mathcal{I}},o_i^{\mathcal{I}}) \bowtie n_i, m_i \in [0,1], 1 \leq i \leq h$
SameIndividual$(o_1\cdots o_h)$	$o_i \equiv o_j$	$o_j^{\mathcal{I}} = o_j^{\mathcal{I}}, 1 \leq i < j \leq h$
DifferentIndividuals$(o_1\cdots o_h)$	$o_i \neq o_j$	$o_j^{\mathcal{I}} \neq o_j^{\mathcal{I}}, 1 \leq i < j \leq h$

3.2.3 模糊本体的 FOWL 表示

经典集合中的元素隶属度仅有"0"或"1"两种情况,而模糊集合中的每个元素都具有模糊多值隶属度。因此,可以将经典 OWL 文档进行模糊扩展,转换成 FOWL 文档。在参考文献[168,180-182]转换规则的基础上,对其进行德摩根剩余格扩展,详细转换规则如下:

(1)每一个 OWL 中的简单类、复杂类(交集、并集、补集、等价集等)及匿名类(约束),直接映射到 FOWL 中相应的模糊类中去。

(2)每一个在 OWL 中的类包含和类等价在 FOWL 中对应不变,按照模糊逻辑中类包含与类等价的定义,定义模糊包含与等价关系。如果没有隶属度的限制,那么变成模糊包含和等价之后隶属度均为1。

(3) 每一个在 OWL 中定义的类的个体,映射时需要加入上面提到的隶属度为 n 的约束(如果没有隶属度约束时取 $n=1$)。

(4) 每一个在 OWL 中简单的对象属性或其子属性,都映射到相应的 FOWL 中一个模糊属性。同时,包括子属性需要加入模糊约束隶属度为 n(同上,如果没有隶属度约束时取 $n=1$)。

(5) 每一个在 OWL 中的属性特征(包括自反、对称和传递等),都映射到 FOWL 中的一种模糊属性形式中,同时需要考虑隶属度为 n 的约束(如果没有隶属度约束时取 $n=1$)。

3.3 面向 FOWL 的指挥控制过程模糊本体表示方法

3.3.1 基于 FOWL 的指挥控制过程模糊本体设计

尽管很多编辑工具可以帮助用户创建和编辑本体,但是从数据中手工建立本体是一件繁重的工作。本体可以由很多数据源产生,如文本数据、条令、基于知识的半结构化数据,以及数据库关系型数据。公共的规范和结构化表示是信息自动化交换的前提。结构化信息以数据模型的形式进行表示,以通用的方法学或技术(如统一建模语言(Unified Modeling Language,UML)、XML)建立及文档化[170]。数据模型定义了信息(数据)的标准元素,这些元素构成了不同作战指挥控制信息系统之间互操作的基础。本书选用成熟的结构化数据模型(Joint C3 Information Exchange Data Model,JC3IEDM)作为建立指挥控制过程模糊本体的基础。

本体为特定领域的人与设备提供了一种通用的知识共享模式[183]。由于指挥控制过程具有一定的特殊性,本书将指挥控制过程模糊本体分成核心模糊本体与领域本体。以 JC3IEDM 数据模型为基础,基于 FOWL 构建的指挥控制过程核心模糊本体(C2 Core Fuzzy Ontology)可以看作顶层本体,描述指挥控制过程领域最普通的概念和最普通的关系(包含准确信息和模糊扩展信息);领域本体以军种装备领域中的概念为对象,领域本体通过继承核心模糊本体实现特化或扩充。

指挥控制过程模糊本体模型定义如下:

$$\text{C2FO} ::= \{C_{core}, C_{domain}, I, A_C, R_C, R_I\} \quad (3.1)$$

式中: C_{core} 为核心模糊本体中的基类集; C_{domain} 为领域本体中的类集; I 为领域本体的实例集; A_C 为类集 C 中的属性集; R_C 为类集 C 中类与类之间的关系集; R_I 是实例集 I 中实例之间的关系集。

3.3.1.1 JC3IEDM 数据模型

JC3IEDM① 是一个用于耦合指挥控制信息系统之间、指挥控制信息与建模和仿真(Model and Simulation,M&S)系统的成熟的数据模型[185]。JC3IEDM 得益于自身的一致性和灵活性,可以灵活地进行配置管理,使其在技术上很快得到成熟。JC3IEDM 又是标准化的数据模型,从而使得其对象类型和子类型具有相同的层次结构,在一定程度上避免了系统的复杂性。它不仅仅适用于 C2 系统的设计问题,而且同样能够解决 M&S 中存在的不足,所以它不是传统意义上的战术数据交换及存储模型,其灵活性和健壮性主要体现在 JC3IEDM 的设计具有显著的可扩展性。

JC3IEDM 以一种良好的结构化和规格化的方法对数据进行抽象,从概念数据模型、逻辑数据模型和物理数据模型三个层次上表达目标域的信息[186-187]。

(1)概念数据模型。概念数据模型是 JC3IEDM 的高层视图,它们是一些通用概念,如行动(Action)、组织(Organization)、人员(Personnel)、特征(Feature)、设施(Facility)、场所(Location)等。它定义了实体之间的关系及关系的约束,规范了模型中枚举类型的取值范围和模型中的业务规则。

(2)逻辑数据模型。逻辑数据模型在概念模型的基础上,通过将高级概念分解为特定的常用信息为基础表示所有的信息,详细描述各个子实体的关系、字段、关键字等。逻辑数据模型以实体—属性—关系图的方式确定数据被组织的方法,用来保证军事行动的信息是完备的,并支持文档化。概念数据模型的内容在逻辑模型中被确定为可以产生整个模型结构的 15 个独立实体,具体包括交战规则(RULE-OF-ENGAGEMENT)、候选信任列表(CANDIDATE-TARGET-LIST)、能力(CAPABILITY)、行动(ACTION)、报告数据(REPORTING-DATA)、内容(CONTEXT)、引用(REFERENCE)、对象类型(OBJECT-TYPE)、对象条目(OBJECT-ITEM)、位置(LOCATION)、坐标系(COORDINATE SYSTEM)、编成关系(AFFILIATION)、编组特征(GROUP-CHARACTERISTIC)和地址(ADDRESS),其中行动和对象条目是模型的核心,模型通过 E-R 图和数据库表的形式描述,如图 3.2 所示。

(3)物理数据模型。物理数据模型提供了生成物理模式所需要的详细规格说明,它定义了数据库的结构和具体的应用模式。

JC3IEDM 以实体—属性—关系图的方式确定数据组织的方法,用来保证军事行动的信息是完备的,并支持文档化。如图 3.3 所示,本体的中心是对象条目(OBJECT-ITEM),该类用于实现具体对象实例,泛化为五个子类:物资(MATERIAL)、组织(ORGANISATION)、设施(FACILITY)、人员(PERSON)和特征(FEA-

---

① JC3IEDM 的初始版本为 C2IEDM(Command and Control Information Exchange Data Model)[184]。

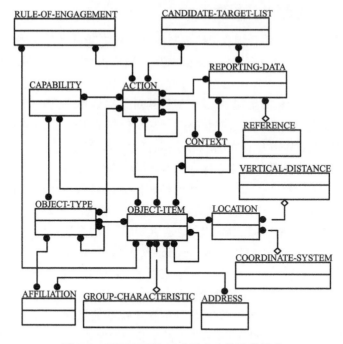

图 3.2 JC3IEDM 的 15 个独立实体及其关系

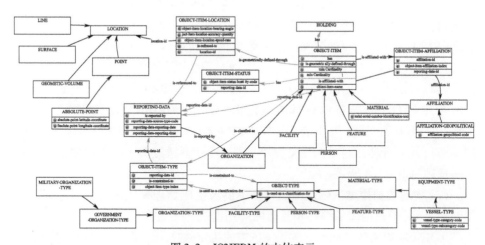

图 3.3 JC3IEDM 的本体表示

TURE)。通过实例化对象条目类型(OBJECT – ITEM – TYPE)类实现 OBJECT – ITEM 实例与对象类型(OBJECT – TYPE)类实例的连接。OBJECT – TYPE 泛化为物资类型(MATERIAL – TYPE)、组织类型(ORGANISATION – TYPE)、设施类型(FACILITY – TYPE)、人员类型(PERSON – TYPE)和特征类型(FEATURE –

TYPE)。OBJECT – TYPE 的地理位置由对象条目位置(OBJECT – ITEM – LOCATION)定义。OBJECT – ITEM – LOCATION 与位置(LOCATION)关联,LOCATION 泛化为线(LINE)、表面(SURFACE)、体积(VOLUME)和点(POINT)。整个 JC3IEDM 模型以 E – R 图和数据库表的形式实现描述。

3.3.1.2　基于 JC3IEDM 的指挥控制过程核心模糊本体

借鉴文献[188]对核心本体的开发方法,指挥控制过程核心模糊本体的开发是一个由顶向底和由底向顶方法混合的过程。由上向下的过程包括:不指定具体的领域,组织合适的面向联合作战的条令术语和语义,将核心模糊本体进一步扩展为领域本体;由下向上的过程包括通过想定、信息、数据交换、模型等确定需求,合并领域中实际的数据需求。

首先,需要对涉及指挥控制领域的术语进行分类[15]:在指挥控制领域专家的参与下,在 JC3IEDM 模型中选取高频率指挥控制术语开发分类和关系放置到一个分级的分类中,并确定它们的关系;征求指挥控制领域专家及对象领域专家的意见;通过真实战场、演习、试验的数据修改并完善核心模糊本体。其主要步骤包括初步的领域分析、识别领域边界、识别类和子类、区分实例层、对象领域专家输入等。初步的分类如图 3.4 所示,具体如下:owl:Thing(根类)泛化为 Entity(实体)和 Event(事件)。Entity 泛化为 InformationContentEntity(信息对象实体)、Document(文件)、Role(角色)、Organization(组织)和 Geographic Feature(地理特征),InformationContentEntity 泛化为 JointOperationPlan(联合作战计划),Document 泛化为 CampaignPlanDocument(战役计划文档),Role 泛化为 Target(目标),Organization 泛化为 MilitaryUnit(军事单元),Geographic Feature 泛化为 GridLocation(网格位置)。Event 泛化为 PlannedEvent(计划事件)、TerroristEvent(恐怖事件)、MilitaryEvent(军事行动事件)和 Humiliation AssistanceEvent(人道主义事件),PlannedEvent 泛化为

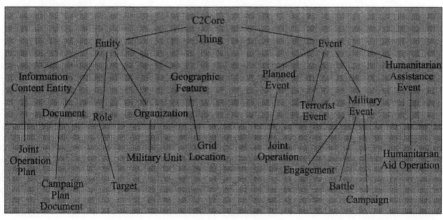

图 3.4　指挥控制过程核心模糊本体的分类

JointOperation(联合作战),MilitaryEvent 泛化为 Engagement(交战)、Battle(战斗)和 Campaign(战役),HumiliationAssistanceEvent 泛化为 HumiliationAidOperation(人道主义援助行动)。

指挥控制过程核心模糊本体分类主要源于 JC3IEDM 模型中术语的引用,如图 3.5 所示。具体如下:owl:Thing 泛化为 Entity(实体)和 Event(事件)。Entity

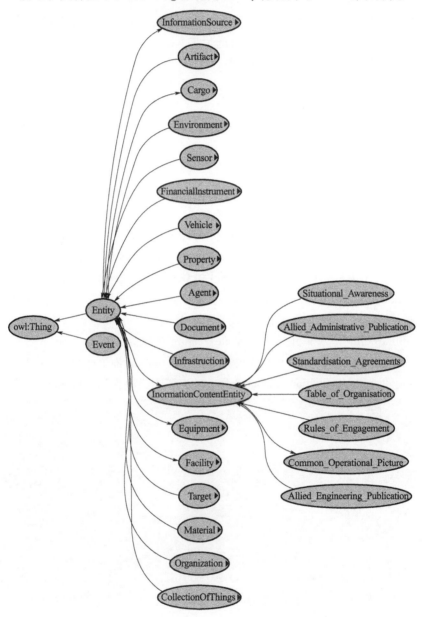

图 3.5 Information Content Entity 子类的 JC3IEDM 模型引用

泛化为 InformationSource（信息源）、Artifact（人工制品）、Cargo（货物）、Environment（环境）、Sensor（传感器）、FinancialInstrument（经济手段）、Vehicle（车辆）、Property（财产）、Agent（行动者）、Document（文件）、Infrastruction（基础设施）、InformationContentEntity（信息内容实体）、Equipment（设备）、Facility（设施）、Target（目标）、Material（材料）、Organization（组织）和 CollectionOfThings（收集事项）。InformationContentEntity 又泛化为 Situation_Awareness（态势感知）、Allied_Administrative_Publication（联合管理发布）、Standardisation_Agreements（标准化协议）、Table_of_Organization（组织列表）、Rules_of_Engagement（交战规则）、Common_Operational_Picture（公共作战图）和 Allied_Engineering_Publication（联合工程发布）。

指挥控制过程核心模糊本体生成过程如图3.6所示。首先收集指挥控制过程领域的不确定性信息，以模糊概念备格的方式对其进行模糊形式化概念分析，形成模糊概念分类。其次在JC3IEDM模型的概念分类的基础上，结合已有的模糊概念分类，定义指挥控制过程的概念，根据概念创建类及其子类，并定义类的内外部属性、特征及外部关联特性。最后使用protégé工具生成由FOWL表示的指挥控制过程核心模糊本体。图3.7显示的是protégé工具的分类子界面，显示的是对中作战计划过程的分类。

3.3.2 指挥控制过程模糊本体的开发流程

考虑方法间的结果和类似性，本体的开发过程用于自动化模型转换，分为6个过程，如图3.8所示。具体的构建步骤如下：

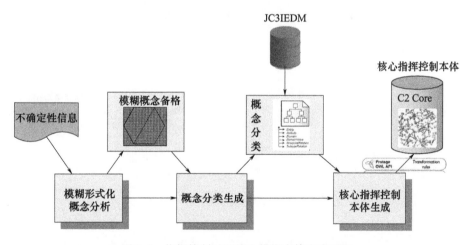

图3.6 指挥控制过程核心模糊本体生成过程

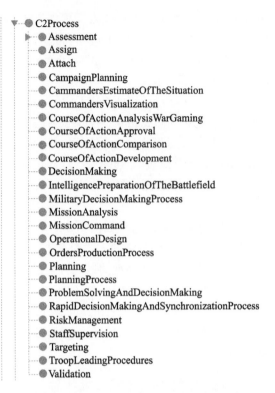

图 3.7 指挥控制过程核心模糊本体作战计划过程分类表示的 protégé 工具截图

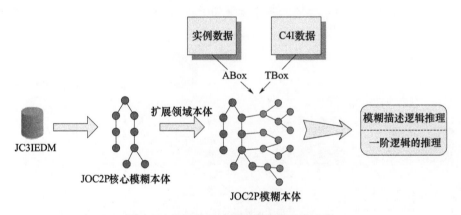

图 3.8 指挥控制过程模糊本体开发流程

（1）列出指挥控制过程领域中重要术语，并定义好相关概念术语之间的层次关系。

（2）定义类的属性及定义属性的侧面（类型、取值范围、数量等）。

（3）以 JC3IEDM 数据模型为基础,生成指挥控制过程核心模糊本体。

（4）在指挥控制过程核心模糊本体的基础上进行扩展,根据行动、任务、情报的不同综合需求对指挥控制过程核心模糊本体进行语义扩展,不断发展完善,最终扩展到指挥控制过程相关的各种的子领域模糊本体,即指挥控制过程模糊本体。

（5）为指挥控制过程模糊本体创建实例,创建分级中类的独立的实例。

（6）模糊本体语义验证,包括模糊逻辑和一阶逻辑的两级语义验证,实现对指挥控制过程模糊本体的推理和查询。

由于指挥控制过程模糊本体的语义验证方法比较复杂,在下面一节单独予以叙述。

3.4 指挥控制过程模糊本体的语义验证方法

在指挥控制过程模糊本体表示的基础上,本节进一步提出了一种基于两级语义的模糊本体语义验证方法,包括模糊描述逻辑的推理和基于一阶逻辑(f-SWRL)的推理:前者的主要目的是完善建立的本体有合理的层次结构及检测定义间的冲突性;后者主要进行基于本体的规则知识相结合产生的推理。首先,在本体模型基础上利用模糊推理算法进行一般有效性验证,保证模糊本体在文档结构、元素类型和元素属性类型等方面的正确性,同时利用本体的逻辑推理机制对指挥控制过程领域模糊本体实例进行概念冲突检测、知识冗余检测和实例一致性验证等与领域相关的有效性验证。

3.4.1 基于模糊描述逻辑的检验方法

对于模糊描述逻辑推理机的实现有两种策略[189-190]:一种是将模糊描述逻辑转化为经典描述逻辑,调用相应的经典描述逻辑推理机进行推理,如 Bobillo 等①[191],但这种策略不可能从根本上提高和扩充描述逻辑推理机的推理能力;另一种是直接基于模糊描述逻辑的模糊 Tableau 推理算法进行实现,如 FuzzyDL②[192]、FiRE③[193],这种策略的优点是可以根据具体的模糊 Tableau 推理算法进行改进优化,缺点是模糊描述逻辑推理机在对模糊信息的表达和推理能力方面还有很大的局限性。

模糊格值推理器(FuzzyLatticeReasoner,FLR)采用后者的实现策略,工作原理如图 3.9 所示。参考文献[188,189]中模糊推理机的设计,FLR 推理机包括编

---

① http://www.webdiis.unizar.es/fbobillo/delorean.

② http://gaia.isti.cnr.it/~straccia/software/fuzzyDL/fuzzyDL.html.

③ http://www.image.ece.ntua.gr/~nsimou/FiRE.

译器、Tableaux 推理机、推理转换。编译器采用自顶向下的语法分析方法：将 FLR 语法表示的知识库文件转换为 Tableaux 推理机可识别的用 $L-SHOIN$ 语法表示的文件。FLR 的核心推理功能是检查 ABox 中是否含有冲突的断言的 ABox 一致性检查（ConsistencyChecking）算法。大部分模糊逻辑的概念可满足性（ConceptSatisfiability）、蕴含（Entailment）和包含（Inclusion）关系等推理问题都可以转化为包含推理问题，而包含推理可以转化为模糊逻辑的 ABox 的一致性检查问题。[87]

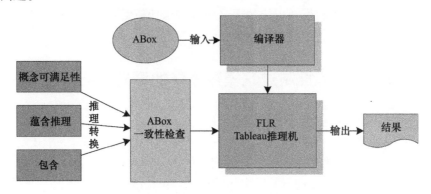

图 3.9　FLR 推理机的工作原理

3.4.1.1　$L-SHOIN$ Tableau 推理机实现算法

FLR 是基于模糊描述逻辑 $L-SHOIN$ 的推理机，FLR 主要完成一个核心功能：判定 ABox 的一致性，即判定一个关于 TBox 为空的 $L-SHOIN$ 知识库的一致性[189-190]。假设所有的概念描述都是否定标准式（Negation Normal Form，NNF），即否定仅出现于概念名的前面。如果 TBox T 的所有概念符合 NNF，则称 TBox T 属于 NNF。下面将给出 $L-SHOIN$ 可判定的 Tableau 算法。

1. $L-SHOIN$ Tableau

本书将首先讨论有限剩余德摩根格模糊逻辑的一致性判定问题，算法由文献[101,104]中的 Tableau 算法扩展而来，并借鉴了应用广泛[194-195]的 f-$SHOIN$ Tableau 算法[90,196]部分思想。下面首先给出 $L-SHOIN$ Tableau 算法。

定义 3.6：给定一个用 NNF 形式表示的 $L-SHOIN$ 模糊概念 C，$sub(C)$ 表示为 C 的封闭子集。设 R_A 为发生在 A 中的角色集合，I_A 为 A 中的个体集合。一个模糊 Tableau

$$T = (S, \mathcal{G}, Y, \mathcal{V})$$

定义如下：

(1) S：非空个体（节点）集合。

(2) $\mathcal{G}: S \times sub(A) \to \zeta$ 将每一个元素和概念（包含于 $sub(A)$）映射为元素对

于概念的隶属度。

(3) $Y: R_\Sigma \times \mathbf{S} \times \mathbf{S} \to \zeta$ 将每一个角色和一对元素组映射为元素组对于角色的隶属度。

(4) $\mathcal{V}$: 将 A 中的个体映射为 S 中的元素。

对于 $\forall s, t \in \mathbf{S}, C, D \in \text{sub}(A), \ell \in \zeta, R \in R_A, \mathbf{T}$ 满足：

(1) 对于 $\forall s \in \mathbf{S}, \Sigma(s, \bot) = 0, \Sigma(s, \top) = 1$；

(2) 如果 $\langle \neg C, \bowtie, \ell \rangle \in \mathcal{G}(s)$，那么 $\langle C, \bowtie^-, \sim \ell \rangle \in \mathcal{G}(s)$；

(3) 如果 $\langle C \sqcap D, \triangleright, \ell \rangle \in \mathcal{G}(s)$，那么 $\langle C, \triangleright, \ell \rangle \in \mathcal{G}(s), \langle D, \triangleright, \ell \rangle \in \mathcal{G}(s)$；

(4) 如果 $\langle C \sqcup D, \triangleleft, \ell \rangle \in \mathcal{G}(s)$，那么 $\langle C, \triangleleft, \ell \rangle \in \mathcal{G}(s), \langle D, \triangleleft, \ell \rangle \in \mathcal{G}(s)$；

(5) 如果 $\langle C \sqcup D, \triangleright, \ell \rangle \in \mathcal{G}(s)$，那么 $\langle C, \triangleright, \ell \rangle \in \mathcal{G}(s), \langle D, \triangleright, \ell \rangle \in \mathcal{G}(s)$；

(6) 如果 $\langle C \sqcap D, \triangleleft, \ell \rangle \in \mathcal{G}(s)$，那么 $\langle C, \triangleleft, \ell \rangle \in \mathcal{G}(s), \langle D, \triangleleft, \ell \rangle \in \mathcal{G}(s)$；

(7) 如果 $\langle \forall R.C, \triangleright, \ell \rangle \in \mathcal{G}(s), \langle \langle s, t \rangle, \triangleright', \ell_1 \rangle \in Y(R)$ 共轭于 $\langle \langle s, t \rangle, \triangleright^-, \sim \ell \rangle$，那么 $\langle \forall C, \triangleright, \ell \rangle \in \mathcal{G}(t)$；

(8) 如果 $\langle \forall R.C, \triangleleft, \ell \rangle \in \mathcal{G}(s), \langle \langle s, t \rangle, \triangleright, \ell_1 \rangle \in Y(R)$ 共轭于 $\langle \langle s, t \rangle, \triangleleft, \sim \ell \rangle$，那么 $\langle \forall C, \triangleleft, \ell \rangle \in \mathcal{G}(t)$；

(9) 如果 $\langle \exists R.C, \triangleright, \ell \rangle \in \mathcal{G}(s)$，那么存在 $t \in \mathbf{S}, \langle \langle s, t \rangle, \triangleright, \ell \rangle \in Y(R)$ 且 $\langle \langle s, t \rangle, \triangleright, \sim \ell \rangle$，那么 $\langle \forall C, \triangleright, \ell \rangle \in \mathcal{G}(t)$；

(10) 如果 $\langle \forall R.C, \triangleleft, \ell \rangle \in \mathcal{G}(s)$，那么存在 $t \in \mathbf{S}, \langle \langle s, t \rangle, \triangleleft^-, \sim \ell \rangle \in Y(R)$ 且 $\langle \langle s, t \rangle, \triangleleft, \sim \ell \rangle$，那么 $\langle \forall C, \triangleright, \ell \rangle \in \mathcal{G}(t)$；

(11) 如果 $\langle \exists s.C, \triangleleft, \ell \rangle \in \mathcal{G}(s)$，且 $\langle \langle s, t \rangle, \triangleright, \ell_1 \rangle \in Y(R)$ 共轭于 $\langle s.C, \triangleleft, \ell \rangle$，对于符合 $\text{Trans}(R)$ 的 $R \sqsubseteq^*$，得 $\langle \exists s.C, \triangleleft, \ell \rangle \in \mathcal{G}(s)$；

(12) 如果 $\langle \forall s.C, \triangleright, \ell \rangle \in \mathcal{G}(s)$，且 $\langle \langle s, t \rangle, \triangleright', \ell_1 \rangle \in Y(R)$ 共轭于 $\langle s.C, \triangleright^-, \sim \ell \rangle$，对于符合 $\text{Trans}(R)$ 的 $R \sqsubseteq^*$，得 $\langle \forall s.C, \triangleright, \ell \rangle \in \mathcal{G}(s)$；

(13) 如果 $\langle \langle t, s \rangle, \bowtie, \ell \rangle \in Y(R)$，那么 $\langle \langle s, t \rangle, \bowtie, \ell \rangle \in Y(\overline{R})$，；

(14) 如果 $\langle \langle s, t \rangle, \triangleright, \ell \rangle \in Y(R), R \sqsubseteq^* S$，那么 $\langle \langle s, t \rangle, \triangleright, \ell \rangle \in Y(S)$；

(15) 如果 $\langle \geqslant pR, \triangleright, \ell \rangle \in Y(R)$，那么 $|\{t \in \mathbf{S} | \langle \langle s, t \rangle, \triangleright, \ell \rangle \in Y(R)\}| \geqslant p$；

(16) 如果 $\langle \leqslant pR, \triangleleft, \ell \rangle \in Y(R)$，那么 $|\{t \in \mathbf{S} | \langle \langle s, t \rangle, \triangleleft^-, \sim \ell \rangle \in Y(R)\}| \geqslant p + 1$；

(17) 如果 $\langle \geqslant pR, \triangleleft, \ell \rangle \in Y(R)$，那么 $|\{t \in \mathbf{S} | \langle \langle s, t \rangle, \triangleright, \ell_i \rangle \in Y(R)\}| \leqslant p - 1$，共轭于 $\langle \langle s, t \rangle, \triangleleft, \ell \rangle$；

(18) $\langle \leqslant pR, \triangleright, \ell \rangle \in Y(R)$，那么 $|\{t \in \mathbf{S} | \langle \langle s, t \rangle, \triangleright', \ell_i \rangle \in Y(R)\}| \leqslant p$，共轭于 $\langle \langle s, t \rangle, \triangleright^-, \sim \ell \rangle$；

(19) 不存在两个共轭的三元组以个体 $x \in \mathbf{S}$ 的形式出现；

(20) 如果 $\langle a: C \bowtie \ell \rangle \in A$，那么 $\langle C \bowtie \ell \rangle \in \mathcal{G}(\mathcal{V}(a))$；

(21) 如果 $\langle (a, b): R \bowtie \ell \rangle \in A$，那么 $\langle (\mathcal{V}(a), \mathcal{V}(b)) \bowtie \ell \rangle \in Y(R)$；

(22) 如果 $a \neq b \in \mathcal{A}$,那么 $\mathcal{V}(a) \neq \mathcal{V}(b)$。

定理 3.3:$L\text{-}\mathcal{SHOIN}$ 中的 ABox $\mathcal{A}$(或 RBox $\mathcal{R}$)是可满足的,当且仅当存在一个关于 $\mathcal{A}$(或 $\mathcal{R}$)的模糊 Tableau。

证明:如果 $L\text{-}\mathcal{SHOIN}$ 存在一个面向 ABox $\mathcal{A}$(或 RBox $\mathcal{R}$)的模糊 Tableau $\mathbf{T} = (\mathbf{S}, \mathcal{G}, \mathbf{Y}, \mathcal{V})$,那么构建一个模糊解释 $\mathcal{I} = (\Delta^{\mathcal{I}}, \cdot^{\mathcal{I}})$ 为 $\mathcal{A}(\mathcal{R})$ 的一个模型:

$$\Delta^{\mathcal{I}} = \mathbf{S}$$

$$a^{\mathcal{I}} = \mathbf{V}(a), a \in \mathcal{I}_A$$

$$\top^{\mathcal{I}} = \mathcal{G}(s, \top), \forall s \in \mathbf{S}$$

$$\bot^{\mathcal{I}} = \mathcal{G}(s, \bot), \forall s \in \mathbf{S}$$

$$A^{\mathcal{I}} = \mathcal{G}(s, A), \forall s \in \mathbf{S}$$

对于 $\forall R \in \mathbf{R}_A$,有

$$R^{\mathcal{I}}(s,t) = \begin{cases} R_{\gamma}^{+}(s,t), \forall \langle s,t \rangle \in \mathbf{S} \times \mathbf{S}, \text{Trans}(R) \\ R_{\gamma}(s,t), \forall \langle s,t \rangle \in \mathbf{S} \times \mathbf{S}, \text{其他} \end{cases}$$

其中,$R_y(s,t) = \mathbf{Y}(R, \langle s,t \rangle)(\forall \langle s,t \rangle \in \mathbf{S} \times \mathbf{S})$。$R_{\mathbf{Y}}^{+}(s,t)$ 代表最大–最小传递闭包(sup–min transitive closure)[197]。由上所有属性,归纳个体和角色的解释推出 $\mathcal{I}$ 满足 $\mathcal{A}$ 中的每一个断言。

定理 3.3 给出可以利用定义 3.6 设计模糊 Tableau $\mathcal{T}$ 的推理算法,用于检验 $L\text{-}\mathcal{SHOIN}$ 概念 C 的可满足性。

2. $L\text{-}\mathcal{SHOIN}$ Tableau 的构造

由于 ABox 可能包含许多任意关系连接的个体[198],因此,与大部分 Tableau 算法类似,$L\text{-}\mathcal{SHOIN}$ Tableau 算法同样采用完全森林(completion-forest)[199]而不是完全树(completion-tree)[104]的扩展形式。

定义 3.7(完全森林):对于模糊知识库 Σ,完全森林 $\mathcal{F}$ 由一系列不同根节点的树由边任意连接组成:$\mathcal{F} = \langle V, E, \Lambda \rangle$,其中 V 是节点的集合,$x \in V$,x 标记为 $\Lambda(x) = \{\langle C, \bowtie, \ell \rangle \| \ell \in \zeta\}$,$E$ 是边的集合,$\forall \langle x,y \rangle \in E$,每一条边 $\langle x,y \rangle$ 标记为 $\Lambda(\langle x,y \rangle) = \{\langle R, \bowtie, \ell \rangle \| \ell \in \zeta\}$。在森林 $\mathcal{F}$ 中,如果节点 x 和节点 y 之间通过边 $\langle x,y \rangle$ 进行连接,则 y 称为 x 的 R-后继。

定义 3.8:完全森林 $\mathcal{F}$ 中的节点 x 被阻塞,当且仅当 x 不是根节点,并且 x 被直接阻塞或间接阻塞[200]。节点 x 被直接阻塞,当且仅当 x 的任何祖先没有被阻塞,并且 x 存在祖先 x', y, y',满足:

(1) y 不是根节点;

(2) x 是 x' 的后继,y 是 y' 的后继;

(3) $\Lambda(x) = \Lambda(y), \Lambda(x') = \Lambda(y')$;

(4) $\Lambda(\langle x',x \rangle) = \Lambda(\langle y',y \rangle)$。

节点 x 被间接阻塞,当且仅当 x 的祖先被阻塞,或者 x 是节点 y 的 R - 后继,并满足 $\Lambda(\langle y,x \rangle) = \varnothing$。

定义 3.9:节点 x 包含冲突,当且仅当 $\Lambda(\langle x,y \rangle)$ 中存在两个共轭的三元组,或者如果 $\Lambda(\langle x,y \rangle) \cup \{\langle \overline{R}, \bowtie, \ell \rangle | \langle R, \bowtie, \ell \rangle \in \Lambda(\langle y,x \rangle)\}$,其中 x,y 为包含两个共轭的三元组的根节点。表 3.4 显示了 L - 约束下形成共轭对的条件。

表 3.4 共轭对

	$\langle \alpha \not\geq l' \rangle$	$\langle \alpha < l' \rangle$
$\langle \alpha > l \rangle$	$\neg (\exists l''.\ l'' > l \wedge l'' \not\geq l')$	$l \not< l'$
$\langle \alpha \not\leq l \rangle$	$\neg (\exists l''.\ l'' \not\leq l \wedge l'' \not\geq l')$	$\neg (\exists l''.\ l'' \not\leq l \wedge l'' < l')$

定义 3.10(Tableau 扩展算法):L-$\mathcal{SHOIN}$ 的 Tableau 扩展算法首先将断言集 S 转换成满足性保留集 S_i,然后基于 S_i 面向完全森林利用表 A.1(附录 A)中的扩充规则对检测节点进行扩展,产生如下三个结果之一:①为检测节点新增一个邻居节点;②为检测节点设置隶属度三元组;③为新增邻居节点设置隶属度三元组。对完全森林 $\mathcal{F}$ 反复利用扩展规则,直到 S_i 出现不一致性(冲突),或者无规则可用为止——表明 S_i 是可满足的。

3. 算法复杂度分析

由于 L-$\mathcal{SHOIN}$ Tableau 规则是非确定性的,导致扩展完全森林时所有规则的遍历次数在最差情况下将达到指数级。

命题 3.1:符合 witnessed 模型要求的 L-$\mathcal{SHOIN}$ 概念可满足性问题计算复杂度为 2-NExptime。

证明:假设 L-$\mathcal{SHOIN}$ 符合 n-witnessed 模型属性要求,那么对于每个存在量词($\exists$)和全称量词($\forall$)约束,完全森林需要生成 n 个不同的后继者以确保每个复杂概念的猜测度是模型为 witnessed。如表 A.1 所列,需要引入 n 个个体 $\{y_1,\cdots,y_n\}$ 及 $2n$ 个值 $\{\ell_1^1,\cdots,\ell_1^n,\ell_2^1,\cdots,\ell_2^n \in L\}$ 以满足 $\vee_{i=1}^n \ell_1^i \otimes \ell_2^i = \ell$ 或 $\wedge_{i=1}^n \ell_1^i \Rightarrow \ell_2^i = \ell$。设[201] $n_{\max}$ 为数量约束的最大值,h 为出现于 $\mathcal{A}$ 中不同格的数量,$n = \|\mathcal{A}\| + \|\mathcal{R}\| = \mathcal{O}(|\mathcal{A}| + |\mathcal{R}|) = \mathcal{O}(2n)$,$m = |\mathrm{sub}(D)| = \mathcal{O}(2|\mathcal{A}\|\mathcal{R}|) = \mathcal{O}(n^2)$,$k = |\mathcal{R}_\mathcal{A}| = \mathcal{O}(|\mathcal{A}| + |\mathcal{R}|) = \mathcal{O}(2n)$,$n_{\max} = \mathcal{O}(2|\mathcal{A}|) = \mathcal{O}(2n)$,$h = \mathcal{O}(|\mathcal{A}|) = \mathcal{O}(n)$,$q = \max\{D_\mathcal{L}(s) | \forall s \in \mathcal{T}\}$。根据出现于 $\mathcal{A}$-q 中不同格的数量[177],对于 $\mathcal{A}$ 的完全森林,扩展次数不会超过 $2^{8m \cdot h \cdot k \cdot q}$,分支度不会超过 $2h \cdot m \cdot n_{\max}$。因此,$L$-$\mathcal{SHOIN}$ Tableau 算法构建完全树不会超过 $(2h \cdot m \cdot n_{\max})^{2^{8m \cdot h \cdot k \cdot q}} = \mathcal{O}((2n \cdot n^2 \cdot 2^n)^{2^{8n^2 \cdot n \cdot q}}) = \mathcal{O}(2^{n \cdot 2^{8n^4 \cdot q}}) = \mathcal{O}(2^{2^{q \cdot n^4}})$ 个节点。

3.4.1.2　L-$\mathcal{SHOIN}$ Tableau 优化算法

由命题 3.1 可知,L-$\mathcal{SHOIN}$ Tableau 推理算法的计算复杂度为 2-NExptime,导致算法的推理效率极为低下。因此,本书考虑引入面向经典 DL Tableau 算法的优化技术[202]以缩小格值域拓展的搜索空间。首先对输入的语法进行预处理优化,其次利用核心优化技术对 $L-\mathcal{SHOIN}$ Tableau 算法进行改进设计并证明改进后的优化算法为 ExpTime – complete。

1. 预处理优化

当 Tableau 算法检测到明显冲突或概念名循环出现时,使用预处理优化技术(如吸收(Absorption)[203]或已知循环消除(Told Cycle Elimination)[204])进行预处理和简化输入可以极大地加快后续的推理过程[202]。

2. 基于连接性分区

基于连接性分区(Partition Based on Connectivity)是一种提高推理效率的预处理优化技术,适用于任何模糊逻辑[205]。根据不同的个体连接情况而导致的不同扩展策略这一思想,对个体连接关系进行重新分组设计。

定义 3.11:设 $a,b,c \in \mathbf{I}, \ell \in \zeta$,ABox $\mathcal{A}$ 中两个个体 a,b 的连接关系由 R_A 定义[205]。

$$a \leftrightsquigarrow_A b \Leftrightarrow \begin{cases} R_A(a,b) \bowtie \ell \in \mathcal{A}, \text{直接连接} \\ (a \leftrightsquigarrow_A c) \cup (b \leftrightsquigarrow_A c), \text{间接连接} \end{cases}$$

由于 c 可能陷入间接连接自身而导致的死循环中,因此,将 ABox $\mathcal{A}$ 中的个体分为一个或多个个体组,个体组又被分为一个或多个独立的被称为断言组(Assertion Groups, AG)[206]。每一个 AG 由 R_A 连接的个体组成。

定义 3.12:设 $\mathrm{AG}_{[a]}$ 为 ABox $\mathcal{A}$ 中仅包含 a 及连接 a 个体的 AG。

$$\mathrm{AG}_{[a]} = \{a\} \cup \{x \mid \forall x \in \mathcal{I}, a \leftrightsquigarrow_A x\}$$

命题 3.2:面向 $\mathrm{AG}_{[a]}$ 的分区保证以下结果:

(1) $\cup \mathrm{AG}_i = \mathcal{A}$;

(2) $\mathrm{AG}_i \cap \mathrm{AG}_j = \varnothing$,对于每一对 $\mathrm{AG}_i, \mathrm{AG}_j \in \mathcal{A}$,得 $\mathrm{AG}_i = \mathrm{AG}_j$;

(3) $\mathcal{A}$ 是一致的,当且仅当每个 AG_i 是一致的。

基于连接性分区技术有以下优点:首先,它为多项式复杂度;其次,任何 AG 被检测为不一致的,即说明整个 $\mathcal{A}$ 为不一致的;最后,解决一系列小规模约束集的速度快于解决一个大规模约束集。

3. 核心优化技术

1) 回转

回转[207](Backjumping)又称依赖关联回转(Dependency Directed Backtracking),是 Tableau 推理算法优化的一种有效核心技术,常用于解决约束满足[208]、HARP 定理证明[209]等问题。隐藏于子表达式中的不满足性经常容易导致大量的非产生式返回式追踪搜索[210]。

首先将节点 x 中的每个概念 C 标记为 $\mathrm{dep}_C(x)$($\mathrm{dep}_C(x)$ 表示所依赖的分支

点)。对于节点 x 如果存在 $\{C, \neg C\} \in \Lambda(x)$,使用 $\text{dep}_c(x), \text{dep}_c(\neg x)$ 用于确定判断 ζ 或 $\neg \zeta$ 依赖最多的分支点 b。如果存在 b,算法直接跳转至 b 而略过中间分支点的扩展。图3.10 显示了回转技术对 ν 扩展的剪枝过程,扩展的 R - successor 数目减少至 $2^n - 1$。值得注意的是:如果这样的 b 不存在,冲突将不依赖于任何非确定性选择,算法终止返回 TBox 不满足。

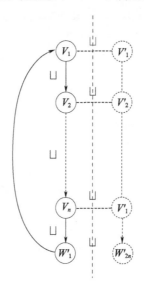

图3.10 回转技术对 ν 扩展的剪枝过程

2)全局缓存

避免子问题被重复解决的可行性方法是缓存和重用子问题的结果,常用的技术是使用哈希表存储节点标识的满足性状态。当前有多种缓存技术[211],如不满足性缓存、混合缓存、非约束性全局缓存(Global Caching)和传播等。全局缓存中的 Tableau 规则扩展应该被组织成一个有向图而不是一棵树[212-213]。全局优化意味着每一个可能的概念集或表达式最多被扩展一次。

4. 优化算法设计

定义3.13:优化算法建立一个由一组树组成的完全森林 $\mathcal{F}$,其中每组树的根节点由边任意连接。完全森林 $\mathcal{F} = \langle V, E \rangle$ 中的节点 ν 扩展一个由两个属性标识的与/或节点:$sts_\nu \in \mathcal{P}$, $\text{kind}_\nu \in \mathfrak{J}$,其中 $\mathcal{P} = \{\text{unexpanded, expanded, sat, unsat}\}$, $\mathfrak{J} = \{\text{and\_node, or\_node}\}$。非叶节点的状态由其 R - successor 计算,使用其类型(and_node or or_node)并将 TBox $\mathcal{T}$ 满足性设为真而不满足设为假。当一个节点的状态变成 sat 或 unsat 时,其状态进一步传播到完全森林与/或结构的 R - successor 节点中。当 and_node(or_node)节点的 R - successor 状态变成 unsat(sat)时,该

节点状态变成 unsat(sat)。此外，如果一个 and_node(or_node) 的 R – successor 状态为 $\neq$ sat($\neq$ unsat)时，该节点状态变成 sat(unsat)。

对非确定性规则不同的扩展顺序可以导致推理性能极大的差异（最多达到几个数量级）。根据基于连接性分区思想和文献[214]中的实验分析①，给出以下定义。

定义 3.14：算法 3.1 的 Tableau 扩展规则被分为三部分：$\{\gamma_1, \gamma_2, \gamma_3\}$。

(1) $\gamma_1 = \{\sqcap_\triangleright, \sqcap_\triangleleft, \forall_\triangleleft, \forall_\triangleright, \forall_+\}$；

(2) $\gamma_2 = \{\leqslant_\triangleleft, \leqslant_\triangleleft, \leqslant_\triangleright, \geqslant_\triangleleft, \leqslant_{r\triangleright}, \geqslant_{r\triangleleft}, \neg_{\bowtie}, \sqcup_\triangleleft, \sqcup_\triangleright\}$；

(3) $\gamma_3 = \{\exists_\triangleright, \exists_\triangleleft, \exists_+\}$。

算法 3.1 A optimized decision procedure for checking satisfiability in L - $\mathcal{SHOIN}$

已知：A TBox $\mathcal{T}$ in NNF, a finite set of concepts X in NNF, an and – or forest $G = \langle V, E\rangle$

求：BOOL value

1: create σ new node a with $\sum(\sigma) := X \cup \mathcal{T}$, σ. status = unexpanded

2: **while** ν. status $\notin \{$sat, unsat$\}$ **do**

3:     **for all** $\nu \in V, \nu$. status = unexpanded **do**

4:         **if** no L - $\mathcal{SHOIN}$ - Tableau rule is applicable to $\sum(\nu)$ **then**

5:             ν. status = $\{$sat$\}$

6:         **else if** $\bot$ is applicable to $\sum(\nu)$ **then**

7:             ν. status = $\{$unsat$\}$

8:         **else if** $\gamma(\gamma \in \gamma_1)$ is applicable to $\sum(\nu)$ giving concept Y **then**

9:             ν. kind := and_node, $\Theta := \{Y\}$

10:        **else if** $\gamma(\gamma \in \gamma_2)$ is applicable to $\sum(\nu)$ giving concepts Y_1 and Y_2 **then**

11:            ν. kind := or_node, $\Theta := \{Y_1, Y_2\}$

12:        **else**

13:            ν. kind := and_node

14:            **for all** $\exists R. C \in \mathcal{L}(\nu)$ **do**

15:                apply $\gamma(\gamma \in \gamma_3)$ to $\sum(\nu)$ giving concept $trans_R(\sum(\nu), R) \cup \{C\} \cup \mathcal{T}$ and add this concept to Θ

16:            **end for**

17:        **end if**

---

① 文献[214]中的实验结果表明，Tableau 扩展规则（表 A.1）采用以下扩展顺序为最优：$\sqcup$ - rule 优先级最低；产生式规则（如 $\geqslant$ - rule 或 $\exists$ - rule）优先级次低；$\leqslant$ 规则优先级最高；其他规则优先级次高。

```
18:        for all Y ∈ Θ do
19:            if ∃w ∈ V has ∑(w) = Y then
20:                add edge(ν,w) to E
21:            end if
22:            ∑(w) := Y, w.status := unexpanded, w→V, edge(ν,w)→ E
23:        end for
24:        if(ν.kind = or_node && ∃z.status = sat) || (ν.kind = and_node && ∀z.status = sat) then
25:            ν.status = sat, propagate(ν)
26:        end if
27:    end for
28:end while
```

L-$\mathcal{SHOIN}$ Tableau 优化算法(算法 3.1)将检验给定的有限集 X 在 TBox $\mathcal{T}$ 中是否满足。初始节点的内容 σ 与未扩展的状态 $X \cup \mathcal{T}$，节点队列集 V 初始时仅包括根节点 σ，随着算法的进行不断增加。设 ν 为当前扩展节点，b 为 Tableau 算法的 b-th-$\vee$ 规则，$\text{dep}(\zeta,\nu)$ 是以规则 ζ 标识的依赖集。如果节点 ν 包含 $\{\kappa, \neg \kappa\} \in \sum(\nu)$，$Y$ 概念的有限集，Λ 集包含 Y 的内容。算法主循环(第 2 行)持续处理节点集直至 σ.status 被判定为$\{\text{sat}, \text{unsat}\}$，或直至每一个节点都被扩展。在主循环中，首先选择一个未扩展节点，按照 $\{\gamma_1, \gamma_2, \gamma_3\}$ 的顺序应用 Tableau 规则。其次，对于每一个 Θ 中的 Y(第 18 行)，创建 $\mathcal{F}$ 中 ν 的一个 R-successor。最后，使用非根节点 ν 的类型(or-node/and-node)和扩展节点的状态计算 ν 的状态。如果此时还无法判断 ν 的状态为 sat 或 unsat(第 24 行)，ν 的状态被设置为 expanded，使用 propagate(ν) 扩展 $\mathcal{F}$ 中 ν 的 R-predecessor。

命题 3.3：由算法 3.1 构建的 $\mathcal{F}$，对于 $\sum(\nu)$，σ 为初始节点。$\sum(\nu)$ 是可满足的当且仅当 σ.status = sat。

引理 3.2：算法 3.1 假设 $\sum(\nu)$ 是一致的并构建满足 $\sum(\nu)$ 的一个模型。对于 $\sum(\nu) \cup \Gamma$，设 $\mathcal{F} = \langle V, E \rangle$ 为由算法 3.1 构建的完全森林。节点 $\nu \in V$ 的概念集为 $\hbar(\nu)$，对于 $\forall \nu \in V$，如果 ν.status = unsat，则 $\hbar(\nu)$ 是不一致的。

证明：由于 ν 仅依赖于其后续节点通过复制以确保结构仍为完全森林 Tableau，所以可以通过递归节点 ν 的概念集构建一个封闭的 Tableau。

5. 算法复杂度分析

设 n 为输入数目，即 $\sum(\nu) \cup \Gamma$ 的大小总数。

命题 3.4：算法 3.1 为 ExpTime-complete。

证明：由 $\hbar(\nu) \subseteq S(\sum(\nu) \cup \Gamma)$，故 $\hbar(\nu)$ 包含 $2^{O(n)}$ 个概念。忽略 propagate( ) 程序执行时间，V 中的每一个 ν 被扩展一次且每次扩展时间为 $2^{O(n)}$。当 $\nu.\text{status} \in \text{sat, unsat}$ 时，propagate( ) 程序执行 $2^{O(n)}$ 个与 ν 相关的步骤，所以 propagate( ) 程序的执行总时间为 $2^{2O(n)}$。反转技术的引入使 $b \notin S$ 时算法在 b-th 分支点直接返回，对前面的分支节点明显正确，所以所有对 b-th 分支节点的调用将直接返回，而不需扩展完全森林到 $\Sigma(\nu)$。所以 $\Sigma(\nu) \cup \Gamma$ 的规模进一步减少。

3.4.2 基于 f–SWRL 推理的检验方法

单纯地利用 OWL 建立的联合指挥控制知识库的语义机制并不能完全满足指挥员的需要，也不能完整地得到整个领域内的推理内涵。研究基于 f–SWRL 的检验方法，采用指挥控制过程规划领域的知识规则，对指挥控制过程模糊本体的属性进行推理检验。

3.4.2.1 SWRL

语义网规则语言（Semantic Web Rule Language，SWRL）是 W3C 于 2004 年提出的一种用于描述规则的语言，通过结合 OWL 与 RuleML 形成语义 Web 规则描述语言[215-216]。为了使得 Horn–like 规则能与 OWL 知识库结合，SWRL 以 OWL DL 与 OWL Lite 为基础，综合了 Unary/BinayDatalog RuleML 的规则描述方式，从而补充了 OWL 在规则描述以及推理方面的不足。

SWRL 规则的形式化定义[217]为 $A_1(?\,x,?\,y) \wedge \cdots \wedge A_n(?\,x,?\,y) \Rightarrow C(?\,x,?\,y)$，其中推出符号的前部分为规则的推理前提，即 body 部分，推出符号的后部分为规则的推理结果，即规则的 head 部分。SWRL 的解释规则为 $I = <R, EC, ER, L, S, LV>$，其中：$R$ 为资源集合；$LV \subseteq R$ 是文字的集合；EC 是从 OWL 的类或数据类型到 R 的子集或 LV 的映射；ER 是从 OWL 的属性到 R 上二元关系集合的映射；L 是给定文字到 LV 上元素的映射；S 是从 OWL 的个体名到 EC(owl：Thing)元素的映射。基于规则的一阶逻辑推理系统中存在两种不同形式的谓词公式，即事实（Fact）和规则（Rule）：事实表示与求解问题有关的客观情况、证据等，规则包含前提条件和结论的蕴含式。

3.4.2.2 基于 f–SWRL 的推理机制

Jess[218-219]是 Java 平台上的规则引擎，它是 CLIPS 程序设计语言的超集，由 Sandia 国家实验室的 Ernest Friedman–Hill 开发。Jess 非常小巧、灵活，并且是已知规则引擎中最快的，其核心由事实库（Fact Base）、规则库（Rule Base）、推理机（Inference Engine）三部分组成。Jess 原则上可以处理各种领域的推理任务，使用

Jess 对本体知识和 f – SWRL 规则进行推理,则需要进行相应的格式转换[220-221]。

虽然 Jess 规则引擎拥有强大的推理能力,但是对领域本体中的不确定性和不精确性却无能为力。加拿大国家研究委员会信息技术研究所的 R. A. Orchard 将模糊推理的功能加入 Jess 中,推出了 FuzzyJ Toolkit①。FuzzyJ Toolkit 是一个模糊专家系统外壳,但只支持模糊前件和模糊后件这些基本的推理方式。FuzzyJ Toolkit 与 Jess 相结合成为功能更强大的专家系统外壳 FuzzyJess,具有 Jess 的强大功能的基础上,可以表达精确事实、模糊事实、执行模糊推理[222]。借鉴 FuzzyJ Toolkit 的设计思路,实现面向模糊描述逻辑 $L-\mathcal{SHOIN}$ 的 LFuzzyJess。

首先使用 FOWL 语言建立起模糊本体后,构造相应的 f – SWRL 规则,最终形成包括规则库和事实库的模糊本体知识库[223]。然后参考文献[224]的设计,由以下几个步骤完成 LFuzzyJess 与 f – SWRL 编辑器的集成:①FOWL 事实库转换为 LFuzzyJess 事实库;②LFuzzyJess 规则库表示 f – SWRL 规则库;③使用以上规则进行 LFuzzyJess 推理,并更新本体;④提高基于 f – SWRL 推理机制的人机互操作性。f – SWRL 的推理机制如图 3.11 所示。

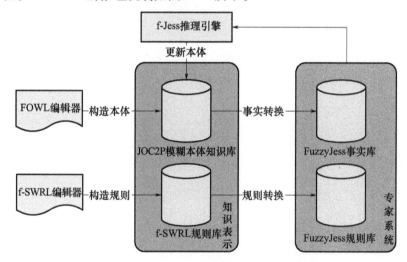

图 3.11　基于 f – SWRL 推理机制框架

3.5　本章小结

本章分析了目前语义 Web 理论的研究现状和存在的问题,分析了用传统描

---

① http://www.graco.unb.br/alvares/DOUTORADO/omega.enm.unb.br/pub/doutorado/disco2/ai.iit.nrc.ca/IR_public/fuzzy/fuzzyJToolkit.html.

述逻辑作为语义 Web 逻辑基础的不充分性,根据语义 Web 的特点和需求,提出了一种新的模糊描述逻辑 $L\text{-}SHOIN$。在 $L\text{-}SHOIN$ 的基础上对 OWL 进行了模糊扩展表示为 FOWL。基于 FOWL 设计了指挥控制过程模糊表示本体,首先提出指挥控制过程核心模糊表示本体,其次在核心模糊本体的基础上开发领域本体,并通过实例信息完善本体开发。最后提出了指挥控制过程模糊本体的语义验证方法,包括模糊描述逻辑和 f-SWRL 两种语义校验方法,能够解决概念冲突数据不一致等问题和初级的知识发现与推理,为解决指挥控制过程领域语义异构和知识共享问题做出了一种有效尝试。

第4章 指挥控制过程模糊知识库构建方法

未来的指挥控制系统(Command and Control System,C2S)亟须在线辅助决策功能支持,要求军事分析仿真评估系统(MASES)与C2S的有机结合。但当前MASES中的C2模型智能化指挥控制能力极为有限,不能处理战场中复杂的不确定性信息。为此,本章提出联合作战指挥控制过程(简称"指挥控制过程")模糊知识库构建方法,以提高MASES中C2模型人工智能水平和决策可信度。

4.1 基于BOM的联合任务空间模型建模框架

基本对象模型(BOM)是当前分析仿真系统中广泛应用的一类仿真模型。面向MASES,基于BOM标准的联合任务空间模型称为联合任务空间基本对象模型(JMSBOM)。支持JMSBOM建模的框架系统——MASES主要包括问题域(Problem)、平台域(Platform)和仿真域(Simulation)三个软件域。问题域偏重关注战场空间中实体的建模与交互。平台域输入/输出数据的人机交互界面,仿真域提供系统架构和实现代码。本章主要面向问题域——联合作战分析领域,忽略对MASES所涉及的仿真域(如仿真交互)和平台域(如仿真管理)进行深入探讨。通过对JMSBOM的指挥控制过程模糊本体的语义附加,提出支持JMSBOM模型语义扩展功能的模糊知识库构建方法。

4.1.1 BOM概述

BOM为促进互操作性、提高重用性和实现组合性提供一种描述性的组件框架体系结构。仿真互操作性标准化组织(Simulation Interoperability Standards Organization,SISO)给出BOM的概念为:BOM是概念模型、仿真对象模型或联邦对象模型的模块化表示,作为仿真系统和联邦的开发和扩展所需的构建模块[225]。SISO于2006年正式把BOM纳入标准[226-227],BOM同时也是国防建模与仿真办公室(Defense Modeling and Simulation Office,DMSO)倡导的可组合的使命空间环境(Composable Mission Space Environments,CMSE)[228]和可扩展的建模和仿真框架(Extensible Modeling and Simulation Framework,XMSF)[229]的重要的实现技术之一。BOM的模板结构主要包含模型标识、概念模型、模型映射和HLA对象模型4个模板组件[230-232]。这里重点介绍BOM概念模型,描述了组件间交互模式所需的信息。

BOM概念模型定义提供了一种确定包括交互模式、状态机、实体类型和事件类型4种模板组件用于描述仿真需求的机制。BOM概念模型通过实体类型和事件类型描述建模的对象的静态特性,以交互模式和状态机描述建模的对象的动态交互特性。BOM的每个模式描述都包含一个或多个用来完成某一具体目的或功能的步骤,通过与其相关的动作描述所需功能和行为[226-227,230,232]。

BOM交互模式提供了一种定义一组连续动作的机制。如图4.1所示,一个交互模式包含一个或多个实现确定意图或功能所需的动作,每个模式动作由多个变化和异常组成,而模式动作、变化和异常又由一个或多个发送者和接收者,以及一个事件或BOM组成。与动作相关的每个名字表示功能和行为的活动,也表示完成意图或目标所需的概念实体,这些概念实体定义发送者和接收者。

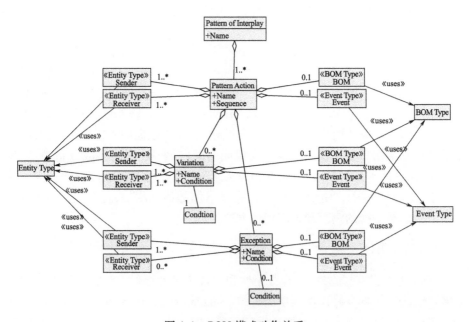

图4.1 BOM模式动作关系

如图4.2所示,状态机由一个或多个状态和概念实体组成,概念实体使用特定的BOM实体类型。状态机可以使用模式的一系列动作辨识状态转移完成所需的行为条件,与完成状态转移定义角色的一个或多个概念实体相关联[230,232]。

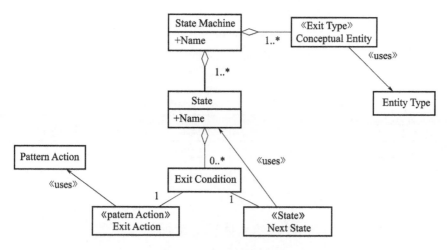

图 4.2　BOM 状态机关系

每个 BOM 的概念模型都应该包含实体类型和事件类型或它们所关联的外部 BOM。实体类型即完成状态转移所需和在模式中相互作用的实体[230,232]。概念实体是真实世界实体、现象、过程或系统的抽象表示。概念实体需要理解交互模式之间的关系、跨多个交互模式状态机的不同关系，以及事件发送者和接收者的职责分工。BOM 的实体类型结构反映了概念实体类型的不同方面，每一个方面包括对应于一个实体类型(Entity Type)的实体特性(Entity Characteristic)，如图 4.3 所示。

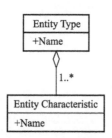

图 4.3　BOM 实体类型元素关系

BOM 事件类型表包含触发器事件类型和消息事件类型[230,232] 两种。因为 BOM 可以用于确定一次完整的交互模式，所以需要附加的信息用于说明交互模式如何发生。交互模式由一系列有序的模式行为组成，以完成一种特定的能力或目标。每一个模式行为由一类事件或另一个 BOM 组成。事件是触发器或者消息。概念事件的不同方面反映于 BOM 的事件类型结构中，如图 4.4 所示。这些方面包括与每一个事件类型相关的特性和支持事件特性的参与角色。这些角色包括源、目标和内容。

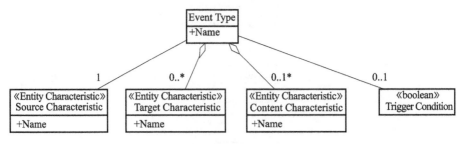

图 4.4　BOM 事件类型元素关系

4.1.2　面向 JMSBOM 的本体语义附加

4.1.2.1　JMSBOM 的语义附加需求

BOM 作为 JMSBOM 的核心结构,尽管得到了广泛的应用,但许多研究者发现 BOM 的语义能力不足,特别是当前的 BOM 标准缺乏所需的语义信息以避免歧义理解[233]。语义丰富化的模型可以更好地实现系统的关键需求、概念化和知识重用,这对概念模型后期的知识库存储非常重要。因此,许多研究从语法或语义角度通过改变和扩展 BOM 来解决这个问题。

语法层次的映射更多地集中于对 BOM 组合性和重用性的处理:文献[234]通过使用仿真参考标识语言(Simulation Reference Markup Language,SRML)[235]将 BOM 过程映射为本体。而文献[236]更关注匹配 BOM 以实现组合性,文献[237]的方法则开发了一种使用 SRML 自动解析生成 BOM 的机制。而在语义层次上,文献[238]开发了 BOM 本体以实现 BOM 表示的概念模型附加语义;文献[233]使用 OWL-S 将当前 BOM 中的元素分别映射为本体过程的实体、事件和交互,进而提出了一种三层模型以增强 BOM 的语义能力;而文献[239]定义了一种表达能力更强的 BOM,即 BOM++,通过修改 BOM 的标准模板规范(XML schema 格式)以拓展其语义解释能力。

4.1.2.2　基于指挥控制过程核心模糊本体的本体语义附加

MASES 的推演过程需要部分模型具有自主的指挥控制决策能力,而由于 JMSBOM 语义表示能力不足的限制,具有一定指挥控制能力的 JMSBOM 实体无法根据不同战场态势情况进行智能推理。因此,在借鉴文献[239]的基础上,修改 JMSBOM 标准规范模板以扩展对指挥控制过程核心模糊本体的外部语义引用,将本体中的类及实例等信息附加到 JMSBOM 的事件类型中,使 JMSBOM 在功能需要时具有语义交互级的指挥控制能力,并使用 FUZZYJess 规则引擎校验

JMSBOM 状态机的匹配完成语义附加有效性的验证。首先，由 Protégé 工具将指挥控制过程核心模糊本体导出为 XML schema 格式（CoreC2_v2013.xsd），如图 4.5 所示。

图 4.5　核心指挥控制本体导出为 XML schema 格式

其次，增加 JMSBOM 规范模板名称空间对 Core C2 名称空间的附加引用，使其能够表示核心指挥控制本体中的已有信息，JMSBOM 规范模板部分代码显示如下。<!-snip-> 中的代码以实体类型（EntityType）为例，进行了扩展修改。实体类型的原始结构包含一个集合了多个特性的名称，每一个名称都有唯一的名字。扩展应该被认为，EntityType 能够从外部源集结其他附属信息。相对于原有的 EntityType，增加了选项包括 Core C2 名称空间中的一个关系类型（RelationType）和不受数量限制的实体（Entities）。由此，JMSBOM 概念模型附加表示了来自 MASES 中的实体。交互模式和状态机映射与实体类型类似，由于篇幅限制，在此不予赘述。

```
1   <xs:schema xmlns = "http://www.sisostds.org/schemas/bom"
2   xmlns:omt = "http://www.sisostds.org/schemas/IEEE1516.2-2006"
3   xmlns:xs = "http://www.w3.org/2001/XMLSchema"
4   xmlns:modelID = "http://www.sisostds.org/schema/modelID"
5   xmlns:mases = "http://www.nudt.edu.cn/schemas/CoreC2"
6   targetNamespace = "http://www.sisostds.org/schemas/bom"
7   elementFormDefault = "qualified" >
8   <xs:import namespace = " http://www.sisostds.org/schemas/IEEE1516.2-
    2006"
9   schemaLocation = "IEEE1516.2-2006-D2v0.82.xsd"/>
10  <xs:import namespace = "http://www.sisostds.org/schemas/modelID"
11  schemaLocation = "ModelID_v2006.xsd"/>
12  <xs:import namespace = "http://www.nudt.edu.cn/schemas/CoreC2"
13  schemaLocation = "CoreC2_v2013.xsd"/>
14  <!--snip-->
15  <xs:complexType name = "entityType" >
16  <xs:sequence >
```

```
17  <xs:element name = "name" type = "modelID:IdentifierType" />
18  <xs:element name = "characteristic" type = "characteristicType" maxOccurs
        = "unbounded" />
19  <xs:element name = "semantics" type = "modelID:String" minOccurs = "0" >
20  <xs:annotation >
21  < xs: documentation > lexicon entry for this entity type < /xs:
    documentation >
22  < /xs:annotation >
23  <xs:element name = "name" type = "mases:RelationIdentifierType" />
24  <xs:element name = "masesRelation" type = "mases:RelationType" minOccurs
        = "0" maxOccurs = "1" />
25  <xs:element name = "semantics" type = "modelID:String" minOccurs = "0" />
26  <xs:annotation >
27  < xs: documentation > lexicon entry for this entity type < /xs:
    documentation >
28  < /xs:annotation >
29  <xs:element name = "name" type = "mases:EntityIdentifierType" />
30  <xs:element name = "masesEntity" type = "mases:EntityType"
31  maxOccurs = "unbounded" />
32  <xs:element name = "semantics" type = "modelID:String" minOccurs = "0" >
33  <xs:annotation >
34  < xs: documentation > lexicon entry for this entity type < /xs:
    documentation >
35  < /xs:annotation >
36  < /xs:element >
37  < /xs:sequence >
38  <xs:attributeGroup ref = "modelID:commonAttributes" />
39  < /xs:complexType >
40  <! - -snip - - >
```

实体类型模板提供了一种描述概念实体类型的机制,用于表示交互模式中发送者和接收者及确定状态机中概念实体类型的角色[226-227]。本体中的类信息映射为 BOM 中的模型标识部分。实体的属性通过附加注释以增加语义概念解释,如使用本体中的单元编制信息定义实体新的属性。

实体的状态机可以看作事件状态之间的转换。当组合 BOM 组件时,组件的状态机之间进行互相匹配。这里使用 Jess 规则引擎①校验状态机的匹配。这里需要将 BOM 状态机的规则转换为 Jess 规则格式。FuzzyJess 为包含一个核心规则引擎的脚本环境,可用于建立专家系统。BOM 状态转换可以被描述为 FuzzyJess 规则:规则状态的首部为当前状态,中间状态为下一状态断言。

---

① http://herzberg.ca.sandia.gov/jess.

FuzzyJess 规则包含一个静态模板,可以将 BOM 状态机格式自动转换为 FuzzyJess 规则格式。模板由组件名称、当前和下一状态实例组成。转换后的 FuzzyJess 规则可以存储成 FOWL 格式。例如,下面的 FuzzyJess 规则格式片段将一个火炮实体状态机从状态"Ready"转换为"Firing"。

```
(defrule Rule-Canon-Send-Fire
(object(is-a Canon)(OBJECT ? objCanon)
(:NAME "Canon_Inst")(hasCurrentState ? state&:(eq(isInstnceName ? state "Can-
    on_Ready")TRUE)))=>(slot-set ? objCanon
    hasCurrentState Canon_Firing))
```

4.1.3　JMSBOM 的功能描述

作为 MASES 问题域的组成部分,JMSBOM 能够描绘真实战场中的各种实体,并对其进行充分的功能性建模。JMSBOM 可以描述以下概念(模型):组织的总部(如联合特遣部队总部)、单位(如特战分队、战斗机中队)、复杂系统(如反导系统)、复杂机构(如尼米兹级核动力航空母舰)、固定设施(如海港、机场)。驱动 JMSBOM 的数据描述了实体的静态与动态属性:静态数据描述了不随时间改变的值,如作战分队的法定编成力量、导弹系统的火力范围等;动态数据(如部队战斗力、位置等)能随着时间的推移而改变,描述了 JMSBOM 彼此之间及其与环境之间的交互行为。

JMSBOM 通过继承 JMSBOM EntityType 模板进行初始开发,所继承的主要属性包括:

(1) OrgType ID:组织类型的唯一标识符。

(2) Resources:所继承的资源列表。

(3) PluginList:所继承的功能插件类型列表。

(4) Category:说明上级类(如地面、空中、海面等)。

(5) Icon:描述作战的符号,数据从国家军用标准中导出。

JMSBOM 以插件的形式拓展使用其他已有组件功能的能力,建模框架以插件库的形式对系统已有的插件进行管理。部分插件是所有 JMSBOM EntityType 模板 PluginList 中都需要强制继承的:如管理 JMSBOM 的位置、速度和方向的平台插件;表示 JMSBOM 所属传感器系统传感器插件;管理 JMSBOM 的输入输出信息,并可以高层次描述仿真可利用的和不可利用的通信装备效果的通信管理器插件。部分插件是可选的,如能够处理用户即时输入的包含模糊信息的规则,而不是将规则进行逻辑硬编码的指挥控制模糊知识库插件(模糊规则处理机或者"模糊专家系统")。

4.2 指挥控制过程模糊知识库设计

4.2.1 指挥控制过程模糊知识库插件功能

模糊知识库以想定数据的形式把决策逻辑暴露给用户[240]。MASES 中的指挥控制过程模糊知识库以插件的形式实现,知识库插件能够赋给任何其指挥控制组件具有知识库插件接口的 JMSBOM。在任何一个想定中,联合作战指挥实体、联合作战层各军兵种指挥实体,以及联合层次各参战力量的情报指挥控制组件都至少需要一个知识库插件。知识库插件必须能够推理自身、敌人或环境信息,且推理过程必须使用户接受,通过知识库支持指挥控制模型。

每个具备指挥控制过程模糊知识库的 JMSBOM 都具有一定的自主指挥与控制能力(决策能力),可以利用产生式规则、模糊规则等技术,完成态势评估、作战方案和行动的选择等功能。其功能的复杂性程度因其所表示的对象不同而异,如陆地地雷场实体指挥控制过程模糊知识库插件的功能为延缓试图穿越雷区的陆地单元对象;空军战斗实体指挥控制过程模糊知识库插件包含一个超复杂的决策过程,如空中任务命令(Air Tasking Order,ATO)计划。通过给关联的对象增加插件,可以使其具有指定功能。另外,JMSBOM 与关联的插件接口必须语义匹配。例如,地面火力支持协调器插件①只能赋给继承陆地单元 JMSBOM EntityType 模板的对象,而不能赋给空军单元。

知识库的表达中,牵扯到了相关的作战阶段(表 4.1),为了理解知识库中规则和行动的意义,需要对不同的作战状态进行理解。

表 4.1 作战阶段活动描述

阶段	活动描述
交战前(PREHOSTILITIES)	为定下作战意图而监视战区内的作战力量
反制部署(DETERDEPLOY)	该阶段进行力量部署,相应兵力开始部署到战区内,联合作战力量将部署到相应的防御位置
防御作战(HALTFORCEBUILDUP)	战区内的作战力量针对地方进攻展开防御作战,其他作战力量继续在战区内进行部署,武器状态设置为"Weapons Free",即可以和敌人展开交火
反攻(COUNTEROFFENSIVE)	敌方进攻已经暂停,反攻条件已经成熟
交战后(POSTHOSTILITIES)	交战的一方已经撤退或投降

---

① 地面火力支持协调器插件是指挥控制知识库插件的一类实现。如果一个对象被赋予了火力支持协调器,它就有能力接收火力支援请求并做出反应(能够针对目标分配炮兵或者空中资源,或者把请求转发给下属去执行)。

JMSBOM 附加指挥控制过程模糊知识库插件时,需要考虑该作战指挥实体自身、敌方或者战场环境等相关信息。作战指挥实体需要考虑的信息称为事实。事实通过一个层次化的 If – Then – Else 逻辑的规则进行陈述。然后,依靠事实的结果值,用户定义的行为将会被激发。例如,知识库通过改变阶段/状态以及协同联合行动这些决策的结果决定什么时候改变阶段/状态以及什么时候协同联合行动。对于特定的某个实例,如果接受到了"受到攻击"(UnderFire)这个消息,阶段有可能从 PREHOSTILITIES 转换为 HOSTILITIES。然后,基于转换,一系列的陆地和海上作战指令将会通知对敌作战,同时武装部队进行充足的武器补给。

4.2.2 指挥控制过程模糊知识库的组成

知识库由事实(Facts)、规则(Rules)和行为(Actions)三个基本要素组成。事实表示决策所需要的信息;规则用于对事实进行相互关联并计算其相互关系;行为是基于规则对外界做出反应的机制。知识库通过一系列的事实与仿真进行交互。特定的状态报告通过通信网络把信息植入知识库中。想定方案依次从知识库中的特定事实获取信息去驱动计划和战斗功能,信息主要依靠阶段或者状态的转换。

4.2.2.1 事实

在知识库中,一个实体所需要考虑的信息称为事实,它是规则的驱动。事实能够通过数值数据(如数量、百分比、时间等)、布尔类型的数据(如在/不在、计划内/计划外、部队待命/非待命)或者文本信息(如明确的警报、敌发起攻击前的状态等)进行刻画。事实用来描述不同类型的信息。知识库通过一系列的事实与仿真进行交互。依据事实的结果值,判断用户定义的行动是否能够触发。例如,当一个战斗实体接收到"受攻击"(UnderFire)消息时,阶段将由 REHOSTILITIES 转换为 HOSTILITIES,而后,一组命令将被触发,使得相应的实体与敌方实体展开战斗,其武器系统也将变为"自由开火"(weapons free)状态。

事实用来描述不同类型的信息:

(1)决策(Decisions)。任何与 If – Then – Else 规则相关的事实可以成为一个决策,其包括计算阶段、状态和预警,以及任何把事实的值比作一个用户特定的开始的值(如激发事实)。

(2)查询结果(Results of A Query)。有关友邻或者敌方的查询事实是在一个特定的地域内跟踪敌方或者友邻部队的状态。

(3)用户输入参数(User – Input Parameters)。用户能够仅仅通过输入参数创造事实,而且在仿真过程中参数不能更改。它们也能够设置成在仿真过程中的记录信息。这些事实简化了知识库的使用并追踪了潜在的逻辑。

（4）仿真态势（Simulation Situation）。这些事实是 MASES 设置参数，用于反映仿真运行过程中出现的变化。在仿真过程中随着内部时间的变化而变化。

（5）参考事实（References Facts）。这些事实在下级知识库中，并且允许直接参考上级知识库中所包含的信息。这些事实随着上级知识库中有关事实的更新而随时更新。

（6）计划事件（Scheduled Events）。这些事实的首要任务是在用户规定的时间点，能够把行动插入仿真中。

有以下 5 种设置事实值的方法：

（1）用户输入。任何没有与规则关联的事实，都应有一个用户指定的初始值。这个值可以是静态不变的，也可以随时间由系统代码执行或行为改变。其主要用于系统变量（System Variables）和控制变量（Control Variables）两种事实的设置。

（2）系统代码执行。系统变量类型的事实值由代码动态设置（如"Under-Fire"），这些事实通常与 JMSBOM 收到通信消息相关。其主要用于系统变量的设置。

（3）动作的执行。控制模糊知识库执行逻辑和获取参数化信息（如何时某些条件得到了满足）的机制。任何具有规则的事实都可以与行为关联，产生各种不同的输出。其主要用于控制变量事实的设置。

（4）融合。情报事实可被连续的融合过程动态地更新。其包含主动获取和被动通知两种方式：主动获取方式为当融合过程改变了某种情报事实的当前值，模糊知识库就会自动计算任何依赖于该事实值的其他事实；被动通知方式为情报事实等待模糊知识库查询它的值再进行更新。

（5）规则计算。通过对规则的计算设置事实的值，主要用于改变转换事实、评估事实和友方事实的值。

4.2.2.2 规则

事实通过评价与其相关的值建立规则。一个或者更多的规则能够用于建立事实的值。规则总是按照通过用户界面指定的顺序进行评估，直到满足规则的条件。一旦满足规则的条件，事实将会设置相应的值。

产生式规则是目前专家系统中使用最广泛的一种知识表示方法，具有表达方式与人类思维方式相似、知识维护简单、在知识库中更改不改变知识库中其他知识等优点[241]。模糊知识库系统采用模糊产生式规则来表示知识，首先给出涉及模糊产生式推理规则的几个定义。

定义 4.1（可信度）：根据经验对一个事物或一件事情为真的相信程度称为

可信度,产生式规则的规则强度也称为可信度。

定义 4.2(阈值):规则的阈值表示规则可被使用的限值,只有置信度大于阈值时,该规则才可以被使用,阈值的取值范围是$(0,1]$。

定义 4.3(前提条件权重):产生式规则中的每个前提条件对结论的支持程度不相同,即它们具有不同的重要程度,被赋予不同的权重因子,所有前提条件权重因子的加权和为1。

定义 4.4(模糊对象)[242]:满足下列任一条件的一个实体可以定义为一个模糊对象(Fuzzy Object,FO)[242]:具有一组用模糊语言变量来描述的特征属性集;具有与其他对象相关联关系的知识;具有进行确定对象状态推理计算的模糊规则知识。模糊对象的描述如下:

FO 对象名{

特征属性语言变量集

前件语言变量组

前件与特征属性间的模糊规则知识}

指挥控制过程模糊推理知识网络由模糊知识库中的多个模糊对象通过特征属性变量相关联而形成。

模糊产生式规则 R 的基本形式定义如下:

$$\text{IF } P_1(t_1,f_1,w_1) \text{ and}\cdots\text{and } P_m(t_m,f_m,w_m)$$
$$\text{THEN } C_1(e_1,s_1) \text{ and }\cdots\text{and } C_n(e_n,s_n) \text{ WITH CF}(R,\lambda)$$

式中:$P_m(t_m,f_m,w_m)$ 和 $C_1(e_1,s_1)$ 均为 BNF 式;$P_1,\cdots,P_m$ 为规则的 $m(m\geq 1)$ 条前提条件(前件);$t_1,\cdots,t_m$ 为前提条件的置信度;$f_1,\cdots,f_m$ 为前提条件的隶属函数;$w_1,\cdots,w_m$ 为前提条件权重,$\sum_{i=1}^{m}w_i=1$;$C_1,\cdots,C_n$ 为规则的 $n(n\geq 1)$ 条结论(后件),$e_1,\cdots,e_n$ 为结论的置信度;$s_1,\cdots,s_n$ 为结论的隶属函数;CF 为该规则 R 的置信度或事件发生的可能性程度;λ 表示该规则的阈值。

具有单个 If – Then – Else 规则的事实将会呈现两个值。如果一个事实需要具有超过两个值,如阶段或者状态,或者有着复杂的一系列条件,更多的规则将会增加。具有多重规则事实应该格式化成多个 If – Then 规则和一个最后的声明。最后的声明为用户提供选择一个 If – Then – Else 规则,或者一个静态值(如 Ture 或 Default),或者使用事实自身转换的值作为一个参考。If – Then – Else 规则一旦被使用,一般都是放在最后,Else 则覆盖了其余所有条件,并进行逻辑计算。下面片段代码用于判断使用"moveOrder"规则后声明的真假,如果发出移动命令发出时间在 $[200,300)$ 这个范围内,或者移动命令是完整的,或者"移动命令的最终活动是攻击"为假时,声明为假,否则为真。

IF[owner moveOrder is$N$]and[currentTime > = 200]and[currentTime < 300] or[owner moveOrder isComplete]or[(owner moveOrder finalActivity = #ATTACK) not]THEN false

事实之间的相互关系通过规则与行为进行定义。如果一个事实依赖于另一个事实的值,第一个事实相关的规则将会包含一个指向所要参考的事实的指针。如果一个事实的值改变了,那么依赖它的所有事实都将会更新,以致它们相关的规则将被执行。可以把它考虑成多米诺链,如果一个事实在某一个位置获得了一个新的值,其他与其相关的事实将会检查它们是否需要更新。

4.2.2.3 行为

知识库行为在仿真推演中负责设置事实值,发送命令以及激发有关的行为。不同的知识库针对不同的决策有着不同的行为。所有的知识库都有设置事实值的能力。行为的执行依赖于事实评估的改变。事实被估计成一个与它以前值不同的值(如阶段从阶段1变为阶段2)时。值改变之后,针对新的值在指定值对应行为的值列表中进行查找。如果需要,行为能够定义成每个可能的事实值。输入和控制类型的事实不允许执行行为,因为在仿真的开始阶段它们只允许有一个值,并且不知道之后的值。行为只在事实的值改变时执行,因此在事实评估的过程中行为是不会被执行的。然而,如果一个事实的值返回了另一个值,并且之前没有声明,则行为将会在下一次执行。

4.2.3 指挥控制过程模糊知识库构建

作战仿真实体必须处理的信息从知识库中获取,依赖于事实值通过规则进行推理,触发事先编码的事件。例如,知识库确定何时改变阶段/状态和协调联合行动,这都源自其决策,它可能推理未来事件并采取必要的初步行动。模糊知识库(Fuzzy Knowledge Base,FKB)在知识库的基础上,进一步支持模糊逻辑、布尔和标准逻辑状态,即基于部分知识或矛盾的知识产生解答,并且大规模地减少所需的规则。

公共的规范和结构化表示是信息自动化交换的前提。结构化信息以数据模型(Data Model)的形式进行表示,以通用的方法学或技术(如 UML、XML)建立及文档化[243]。数据模型定义了信息(数据)的标准元素,这些元素构成了 MASES C2 模糊知识库设计的基础。

4.2.4 指挥控制过程模糊知识库应用模式

知识库采用即插即用的模式,适用于任何实体单元。根据不同作战态势下定制的想定数据,在已有的模糊知识库子集中,根据不同的作战实体单元选定不同的事实、规则、行为,构建其所属的模糊知识库全局实例,并将它们分配给每一个实体单元或者实体单元组。每一个单独的单元模糊知识库都将成为相应的事实、规则及行动的结果,如图 4.6 所示。系统提供了图形用户界面(Graphical User Interface,GUI),方便用户构建和编辑模糊知识库实例。

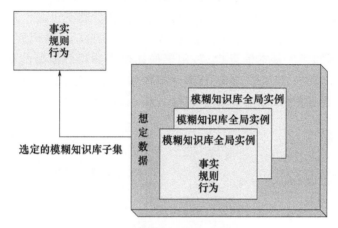

图 4.6 模糊知识库应用模式

另外,指挥控制过程模糊知识库插件通过战场态势感知功能与实时战场环境交换信息,与真实态势进行比较分析,进行支持指挥控制模型的规划、决策等功能的实时模糊推理。对于 MASES,其中高层次的事实、规则和相关联的行为并不完全适用于所有的战术火力。对于不是高层次的实体单元,重点强调根据战术条令和战术、技术、流程开发与其相关联的事实、规则和行为,而不是战区级的决策。

4.2.4.1 指挥控制过程模糊知识库的推理机制

传统逻辑中推论的基本规则是假言推理,按这一规则能够从命题 A 的真假和蕴含中推断出命题 B 的真假。但在实际预测中常常会遇到像"较好、较差"一类的模糊语句,这时只能描述其程度如何,模糊逻辑中可以用闭区间[0,1]的一个实数值来表示,这就是模糊集的多值逻辑[244]。

模糊知识库系统的推理方法主要有正向推理、反向推理和混合推理,本书中的模糊知识库主要采用正向推理方式。正向推理是从已知的事实出发,向结论方向进行推导,将采集特征信息与知识库中的模糊规则前件进行匹配来选用可用规则,若匹配成功则将该规则结论作为中间结果继续匹配,直到问题解决[245]。

模糊推理对知识库中的模糊规则的前提条件和结论进行模糊匹配[246]。模糊匹配采用匹配函数的方式进行,模糊规则中的前提条件的匹配程度由匹配函数决定,而结论的置信度为该匹配值和规则置信度的乘积。冲突消解策略是在推理过程中如何匹配多条规则时所采用的策略。

4.2.4.2 指挥控制过程模糊知识库的结构模型设计

模糊知识库的结构模型包括模糊数据库基本信息、模糊知识库事实、模糊知识库规则、模糊知识库行为、模糊知识库隶属度函数、模糊知识库梯度隶属度模型、模糊知识库梯度数模型等。下面重点介绍其中主要的几种模型。

(1)模糊知识库基本信息模型:用于描述模糊知识库模型的基本信息,如图4.7所示。其中,FUZZY_KB_ID 表示模糊知识库的标识符,FUZZY_KB_DE-SCRIPTION 表示模糊知识库的描述信息,constraints 表示约束关系。

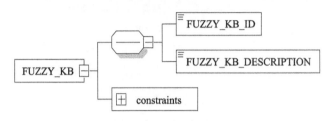

图 4.7　模糊知识库基本信息模型

(2)模糊知识库事实模型:用于描述模糊知识库中的事实,如图4.8所示。其中,FUZZY_KB_FACT 表示用于模糊知识库的推理事实,FUZZY_KB_ID 表示模糊知识库的标识符,FUZZY_KB_FACT_NAME 表示模糊知识库的事实名称,FUZZY_KB_FACT_REFRESH_TIME 表示当模糊知识库重新启动时,知识库重新计算之前需要的等待时间,FUZZY_KB_FACT_VALUE 表示模糊知识库的事实值,constraints 表示约束关系。

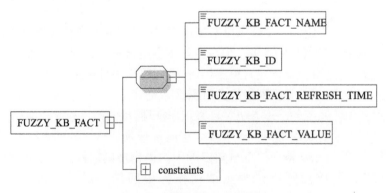

图 4.8　模糊知识库事实模型

(3)模糊知识库规则模型:用于描述模糊知识库中的规则,如图4.9所示。其中 FUZZY_KB_RULE_NAME 表示模糊知识库的规则名称,FUZZY_KB_LOGIC

_AND_VALUE 表示模糊逻辑"AND(与)"函数的参数值,FUZZY_KB_LOGIC_OR_VALUE 表示模糊逻辑"OR(或)"函数的参数值,FUZZY_KB_RULE_PRIORITY_VALUE 表示与主要事实相关联的规则优先级值(值越小代表优先级越高),FUZZY_KB_MEMBERSHIP_FUNC_NAME 表示在知识库模糊逻辑中使用的隶属度函数名称(如"冷、热、好、差"等),constraints 表示约束关系。

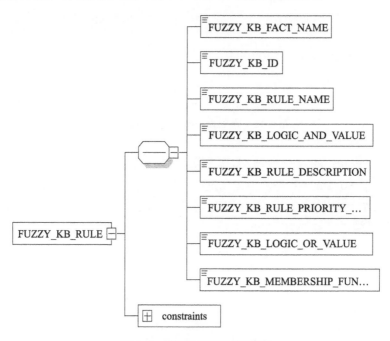

图 4.9　模糊知识库规则模型

(4)模糊知识库隶属度函数模型:用于描述模糊知识库隶属度函数模型,如图 4.10 所示。其中 FUZZY_KB_MEMBERSHIP_FUNC_NAME 表示模糊知识库逻辑使用的隶属度函数名称,FUZZY_KB_MBRSHP_FUNC_DESCRIPTION 表示模糊知识库逻辑使用的隶属度函数的描述信息,constraints 表示约束关系。

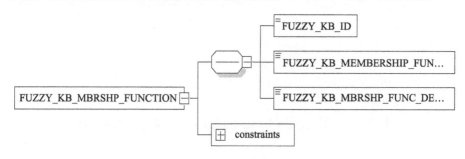

图 4.10　模糊知识库隶属度函数模型

(5) 模糊知识库梯度隶属度模型:用于描述模糊知识库梯度隶属度模型,如图 4.11 所示。其中 FUZZY_KB_TRAPEZOID_NAME 表示执行模糊逻辑的模糊梯度数名称,constraints 表示约束关系。

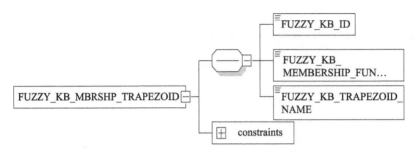

图 4.11　模糊知识库梯度隶属度模型

(6) 模糊知识库梯度数模型:用于描述模糊知识库梯度数模型,如图 4.12 所示。其中 X0_VALUE 表示模糊梯度数的左下横坐标值,X1_VALUE 表示模糊梯度数的左上横坐标值,X2_VALUE 表示模糊梯度数的右上横坐标值,X3_VALUE 表示模糊梯度数的右下横坐标值,constraints 表示约束关系。

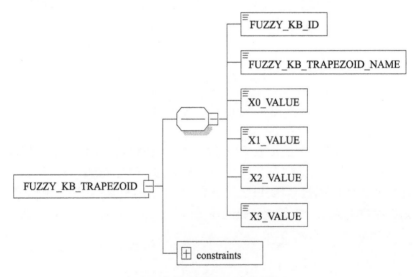

图 4.12　模糊知识库梯度数模型

4.3　指挥控制过程模糊知识库推理应用

下面以海上水面舰艇防空作战的威胁评估(Threat Assessment,TA)为例,介绍指挥控制过程模糊知识库在海军 C2 模型中的初步推理应用。海上水面舰艇指挥控制过程模糊知识库插件具有评估态势和正确反应的能力，特别地，插件必须有能力确定当前态势是否与计划相符，如果偏离计划，则采取必要的调整行动，达到这个需求。

4.3.1 问题描述

威胁评估属于决策级信息融合，其输出结果将给目标优化分配、武器装备配置、兵力部署、作战行动等军事指挥决策提供依据[247]。未来海战将是"海、空、天、电"多维战争，对于海上舰艇防空作战而言，敌方飞行器临近舰艇所在空域飞行，即对舰艇构成威胁，因此威胁评估的重点在于进行威胁程度的判断，判断过程随着敌方飞行器飞临的时间、航线、距离、高度、目标性质及类型等动态连续地进行[247]。

海军水面舰艇防空作战的威胁评估过程涉及许多不确定性的因素，主要有[247]：

（1）目标类型的不确定性。来袭目标的类型是判断其威胁程度的关键参数之一。

（2）目标攻击方式的不确定性。目标的攻击方式是计算目标对我损伤效果的重要参数，而确定攻击方式的目标所装载的攻击武器与采用的战术等因素充满各种不确定性因素。

4.3.2 威胁评估算法

MASES 对海军水面舰艇防空作战的威胁评估算法，涉及对未识别的资源进行推理。但是，对未识别的资源进行数据融合，计算量大且不必要。当仅通过某些特殊的资源可以唯一标识一类作战仿真实体时，对资源进行分析才有意义。因此，模糊知识库中增加了一个推理层。首先，用户必须定义作战仿真实体可以对事实"JMSBOM TypesForResourceAnalysis"进行模糊推理；其次，调用已有的事实"AerocraftType"进行分析并返回实体类型。当不对实体进行资源分析时，就始终把实体解析为实体类型的第一级分类。不能进行模糊融合的实体，要把它们的资源映射到真实的资源，而能进行模糊融合的实体要构建其对资源的感知，由未知的资源逐渐获取真实资源的名字。

威胁评估算法包括战斗能力和接近时间两个关键因素。依据武器模型的数量和类型，使用武器装备自身的装备标准单元（Standard Unit of Armament，SUA）参数，评估每个威胁单元具有的战斗能力分值，得到该算法的第一个因素；算法的第二个因素与威胁单元的位置、接近速度和我方部队的范围相关，一般来讲，威胁单元越接近给定地点，带来的威胁越大，不同距离上的威胁是不一样的。

允许用户为每种类型的舰艇防护威胁系统设置一个相对的威胁值（通过定义一个"高威胁的最小数"——系统为某个区域产生最大威胁值为 100 的量），然后基于这个数值,对一个值在 0~100 区域进行插值。找出能评估该目标的威胁的所有地对空系统,运用模糊逻辑系统处理每个地对空系统给出的威胁值,得到一个总体的目标区域威胁值(0~100)。模糊逻辑使用的公式为 $A + B - A \times B$,其中 A 和 B 为各个地对空系统给出的威胁值,归一化为 0~100。用户也可定义飞机平台对计算的威胁值的"危险承受度",这是通过定义一个范围来完成的,然后防空规划对舰艇平台的危险承受度与估计出的威胁值进行匹配。

4.4 本章小结

本章面向 MASES,通过扩展指挥控制模型的指挥控制过程模糊知识库插件功能,支持战场态势感知功能与实时战场环境交换信息,经过与真实态势进行比较分析,进行支持指挥控制模型的规划、决策等功能的实时模糊推理,极大地增强了仿真评估系统 C2 模型的人工智能水平和决策可信度。

第 5 章　基于效果作战的指挥控制过程模糊决策优化方法

赋时影响网(TIN)是基于效果作战思想(EBO)从定性描述转化为定量解析模型的有效工具,可以用于对联合作战指挥控制过程(指挥控制过程)不同时序决策下的作战效能进行定量评估。但是,TIN 没有考虑真实战场态势的影响,存在决策节点的先验概率人为指定等缺点,无法正确地描述不确定条件下事件与效果之间具有时间特性的因果影响关系。因此,本章采用模糊贝叶斯决策方法更新 TIN 决策节点的先验概率,并在此基础上设计实现了基于粒子群与模拟退火混合改进算法,用于评估指挥控制过程在不同时序决策下联合作战行动方案(JCOA)的效能。

5.1　指挥控制过程在 TIN 中的决策建模

5.1.1　TIN 及其基本参数定义

首先给出 Haider S 等对 TIN 的基本定义[70,248]。

定义 5.1(赋时影响网):TIN 是一种有向无环图,通过创建多个行动节点和期待结果之间一系列因果关系实现对网络中因果关系的建模。

参照文献[249]中对随机赋时影响网的部分概念定义,对 TIN 中涉及的基本参数进行定义。

定义 5.2(信度):信度是指布尔随机变量取值为 1 的概率,TIN 中所有节点均表示一个布尔随机变量。

定义 5.3(通信延迟):通信延迟是指 TIN 中任意边所对应的时间延迟表示为一个梯度模糊数变量。通过时间延迟参数的引入,TIN 能够描述基于效果作战的效果间因果影响产生的时延不确定性。

定义 5.4(信息处理延迟):信息处理延迟是指 TIN 中每一个节点对应一个对应的信息处理延迟。通过时间延迟参数的引入,TIN 能够描述基于效果作战的节点内部效果发生变化消耗的时延。

定义 5.5(时延可变强度):时延可变强度是指 TIN 中任意边所对应的因果强度(Causal Strength,CAST)参数定义为与时间延迟相关的变量。通过时延可变强度参数的引入,TIN 能够描述基于效果作战的效果间因果影响强度的动态不确定性。

定义 5.6(先验概率):每一个根节点(行动节点)包含一个先验概率(Prior Probability),含义为该节点自然发生的概率。

定义 5.7(基准概率):每一个非根节点指定一个基准概率(Baseline Probability),含义为不考虑该节点的原因节点时该节点发生的概率,结合经验与历史统计材料得到。

5.1.2　TIN 的数学模型定义

TIN 的节点集由一系列随机变量组成:根节点代表行动节点,叶节点代表目标节点,根节点和叶节点之间的节点为中间节点,在行动节点与目标节点之间起逐层影响及传递影响的作用。所有的变量都是二元的(发生或是不发生)。一对有向弧连接一对节点,弧的语义为时延可变强度,由 CAST 逻辑参数 (h,g) 表示: h 表示前一节点发生对后一节点发生的影响; g 表示前一节点不发生对后一节点发生的影响。h 和 g 都在闭区间 $[-1,1]$ 上取值,正值表示促进关系,负值表示抑制关系。每一个弧对应一个通信延迟 $d(d \geq 0)$,每一个节点对应一个信息处理延迟 $e(e \geq 0)$。每一个根节点有一对 (p,t),p 是 n 个表示概率值的实数,t 是对应于每一个 p 的时间间隔;所有根节点的 (p,t) 组成一个行动方案。

TIN 的形式化定义如下:

$$\text{TIN}::= \{V,E,C,B,D_E,D_V,A\} \tag{5.1}$$

参数含义如下:

(1) V 表示节点集。

(2) E 表示弧集。

(3) C 表示 CAST 因果强度: $E \rightarrow \{(h,g) \mid -1 < g, h < 1\}$。

(4) B 表示先验概率或基准概率: $V \Rightarrow [0,1]$。

(5) D_V 表示节点间信息处理的时间延迟集合,对于 $\forall v \in V, \exists d_v \in D_V$,满足 $f: v \mapsto d_v$。

(6) D_E 表示节点间信息传播的时间延迟集合,对于 $\forall e \in E, \exists d_e \in D_E$,满足 $f: e \mapsto d_e$。

(7) A 为输入想定,表示行动序列的发生概率和发生时间。

行动方案集为

$$R \rightarrow \{([p_1,p_2,\cdots,p_n],[[t_{11},t_{12}],[t_{21},t_{22}],\cdots,[t_{n1},t_{n2}]]) \mid$$
$$p_i = [0,1], t_{ij} \rightarrow Z, t_{i1} < t_{i2}, \forall i = 1,2,\cdots,n, j = 1,2, R \subset V\}$$

图 5.1 显示了一个 TIN 示例。图中任意节点(Node)对应一个随机变量。

根节点称为可控节点,通常记为"方矩形",非根节点称为效果节点。A 和 B 是行动方案节点,F 为目标节点。带有箭头的有向弧表示父节点的出现,将促进子节点为真,带有圆头的有向弧表示父节点的出现将抑制子节点为真。弧上的值为时间延迟和(h,g)。举例来说,节点 D 发生三个时间单元后影响节点 C,$h = 0.35, g = -0.68$。

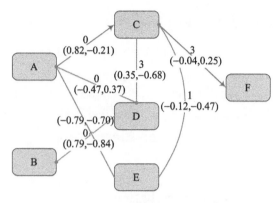

图 5.1　一个模糊赋时影响网示例

通过使用一系列参数评估 JCOA,以概率分布图的形式展现,如图 5.2 所示。

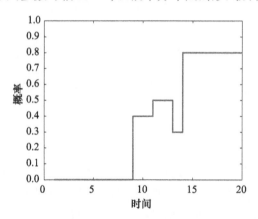

图 5.2　目标节点的概率分布图

评价 JCOA 的适应度(Fitness)需要一系列指标作为效能度量(Measures of Performance,MOP)。选定指标用于评估不同 JCOA 所导致的期待效果发生的概率分布图,使用单一或组合指标评估 JCOA。在组合指标中,需要赋予不同指标的权重。下面是一系列概率分布图的评估指标。

(1)最大期望概率:JCOA 所能到达的最大概率。

(2)到达最大概率的时间:JCOA 到达最大概率值的最小时间。
(3)覆盖面积(Area Under the Curve,AUC):概率分布图覆盖的面积。
(4)特定之间点或时间间隔的概率值。

根据不同的需求选用不同的评估指标,本书选用比较常用的覆盖面积(AUC)指标。

5.1.3 模糊改进 TIN 的求解流程

模糊改进 TIN 的求解流程包括以下 4 步,如图 5.3 所示。

图 5.3 模糊赋时影响网求解流程

(1)针对真实战场作战态势对输入想定所描述的可控事件/行动节点的先验概率的实时影响,采用模糊贝叶斯决策方法修正先验概率。

(2)利用概率网络的概率传播算法计算 TIN 的输出数据,如 TIN 的信度序列输出。

(3)利用基于粒子群与模拟退火混合改进算法对不同时序下的指挥控制过程决策方案进行高速计算。

(4)根据方案的作战效能求解最佳时序下的指挥控制过程决策。

5.2 基于直觉梯度模糊贝叶斯决策方法的先验概率更新算法

在传统的 TIN 及其改进模型中,行动节点的先验概率是根据历史资料或经验判断而得到的,在概率网信度传播的过程中是一成不变的,实践证明这种模型具有很大局限性。态势分析在现代战争中具有非常重要的地位,由于现代战争中战场情况变化急剧,多兵种快速机动作战,使战斗过程短暂而激烈。这使得指挥过程更加复杂,指挥所获得的信息不断增加而处理信息允许的时间都很短,同时指挥员定下决心,做出决策的时间缩短,但决策的责任重大。在现代条件下,态势分析对战争的胜负是至关重要的。因此,将战场态势分析对行动节点的影响加入模糊赋时影响网,将极大地提高影响网的柔性和鲁棒性。

军事决策中,关于敌方动态的信息是关键信息,掌握得不准、分析得不细致,往往会造成很严重的损失。首先,敌情是变动的,它随我方的决策每一步的实施而不断改变其状态;其次,关于敌情的信息是不完全的、不准确的,有时得到的信息只是极简单的表面现象,有时甚至还是一场"骗局"。因此,引入模糊贝叶斯决策的方法改进行动节点的先验概率:把敌方态势看作为自然状态,对已知敌态势进行模糊信息处理,更新关于自然状态的先验分布假定并计算后验模糊风险。为了有效地将指挥控制人员的知识与作战态势真实数据有效地结合起来,本节提出用贝叶斯和模糊逻辑结合的方法来处理多目标的态势评估[244]。

5.2.1 直觉梯度模糊贝叶斯决策的模型结构

模糊贝叶斯决策理论的基本思想是把主观判断或经验与试验数据结合起来,根据态势评估补充战场中发生的新信息,利用模糊贝叶斯公式,修正先验概率,从而改善和提高概率估计的准确程度。首先给出几个基本定义。

定义 5.8(模糊事件):事件不仅在其未发生之前无法确定其确切的结果,而且在事后也无法明确地回答其结果,事件本身的含义是不明确的,这类具有模糊性的事件称为模糊事件。

定义 5.9(模糊事件的概率):事件是模糊的,概率是普通的,称为模糊事件的概率,简称模糊概率。设样本空间为Ω,所谓模糊事件就是样本空间Ω中的一个模糊子集$\widetilde{A}$。

当样本空间Ω是离散集时,即$\Omega=\{u_1,\cdots u_n\}$,设基本事件$u_i$的概率为$p(u_i)$ ($i=1,2,\cdots,n$),模糊事件$\widetilde{A}$的隶属函数为$\mu_A(u_i)$,则$\widetilde{A}$的概率定义为

$$P(\widetilde{A}) = \sum_{i=1}^{n} \mu_{\widetilde{A}}(u_i)p(u_i) \tag{5.2}$$

当样本空间Ω是连续集时,设概率密度函数为$p(u)$,$\widetilde{A}$的概率定义为

$$P(\widetilde{A}) = \int_{\Omega} \mu_{\widetilde{A}}(u)p(u)\mathrm{d}u \tag{5.3}$$

定义 5.10(模糊贝叶斯决策):按照模糊概率的定义得到模糊状态的先验概率,再根据新得到的模糊信息,利用模糊化的贝叶斯公式去修正模糊先验概率,得到模糊后验概率。利用模糊后验概率进行决策,称为模糊贝叶斯决策。

本书在模糊贝叶斯决策理论[13]的基础上,结合直觉梯度模糊集理论(附录A.2),提出了直觉梯度模糊决策方法。理论分析与实践表明[250],直觉梯度模糊集(Intuitionistic Trapezoidal Fuzzy Set,ITFS)理论在语义表述和推理能力等方面都优于经典模糊集。直觉梯度模糊决策方法是模糊贝叶斯方法的一种扩展,以直觉梯度模糊数的形式参与模糊事件概率的计算。

直觉梯度模糊贝叶斯决策模型的结构定义为

$$M::=\{X,\widetilde{X},\widetilde{I},\widetilde{S},P,\widetilde{A},r\} \tag{5.4}$$

参数含义如下:

(1) $X=\{X_1,\cdots,X_l\}$为信息源的集合,每一个元素X_i的论域是连续的或离散的。

(2) $\widetilde{X} = \{\widetilde{X}_1, \cdots, \widetilde{X}_l\}$ 为对信息源 X 的模糊事件集。在确定信息源 X 中每一个元素X_i的概率分布及模糊事件的隶属函数后,通过对 X 进行模糊预处理后得到。

(3) $\widetilde{I}$ 为 $\widetilde{X}$ 上的一个子集,同样为模糊事件集,是通过对我方造成的威胁情况(如对我方后勤的破坏等)反映出敌方作战态势的有关情况。例如,敌方的攻击策略等,$\widetilde{I} = \{\widetilde{I}_1, \cdots, \widetilde{I}_u\}$,表示威胁很大、较大、较小等状态。

(4) $\widetilde{S} = \{\widetilde{S}_1, \cdots, \widetilde{S}_n\}$ 是自然状态下的一个模糊事件集,表示敌方作战态势的 n 种可能状态,由军事专家综合态势感知数据及以往作战经验分析确定。

(5) $P = \{p \mid p = P(w), w \in \Omega\}$ 为 Ω 上的概率分布。$P(w)$ 表示敌作战态势处于 w 状态的可能性,一般采用模糊概率值或可能性分布比较合乎实际情况,由决策者根据以往作战经验分析确定。

(6) $\widetilde{A} = \{\widetilde{A}_{b1}, \cdots, \widetilde{A}_{bm}\}$ 为指挥控制方案(行为)节点集包含的不同决策策略(如激进、保守、稳重等)拟采用的先验概率。

(7) r 为 $m \times l$ 阶矩阵,其中$r_{j \times k}$表示当敌方处于$\widetilde{S}_k(k=1,2,\cdots,l)$态势时,第 j ($j=1,2,\cdots,m$)个行为节点拟采用的先验概率。$r_{j \times k}$中的每一个元素以直觉梯度模糊数的形式(定义 A.3)表示,由指挥员根据以往作战指挥经验以语言变量的形式给出。

5.2.2 直觉梯度模糊贝叶斯决策的计算步骤

直觉梯度模糊贝叶斯决策的计算步骤如下。

第1步:对信息源集$X_i(i=1,2,\cdots,l)$进行模糊预处理,给出每个$\widetilde{X}_i$威胁量度的概率分布,并进行归一化处理。

第2步:采用模糊统计的方法,确定威胁程度$\widetilde{I}$的隶属函数$\mu_{\widetilde{I}}(x), x \in \widetilde{X}$。根据$\widetilde{X}$与敌作战态势$w_j(j=1,2,\cdots,n)$之间的关系,由领域专家给出条件概率$P(\widetilde{X} \mid w_j)$的赋值,$P(\widetilde{X} \mid w_j)$表示敌态势处在$w_j$条件下,信息源$\widetilde{X}_i$发生的条件概率。

第3步:根据模糊概率的定义(定义 5.9),归一化威胁程度$\widetilde{I}$的隶属函数为$\bar{\mu}_{\widetilde{I}}(\widetilde{X})$,计算威胁程度$\widetilde{I}$的概率:

$$P(\widetilde{I}) = \sum_{i=1}^{l} \bar{\mu}_{\widetilde{I}}(\widetilde{X}_i) \cdot P(\widetilde{X}_i) \quad (5.5)$$

第4步:计算敌方态势处在w_j条件下,威胁程度$\widetilde{I}$发生的条件概率$P(\widetilde{I} \mid w_j)$:

$$P(\widetilde{I} \mid w_j) = \sum_{i=1}^{l} P(\widetilde{X}_i \mid w_j) \cdot \mu_{\widetilde{I}}(\widetilde{X}_i) \quad (5.6)$$

第5步:首先根据以往作战数据统计规律,给出作战敌态势隶属度$\mu_{\widetilde{A}}(w_j)$。其次,计算在获得关于敌对我威胁程度$\widetilde{I}$条件下,敌作战态势处于$\widetilde{S}_k(k=1,2,\cdots,$

n)状态的后验概率 $P(\widetilde{S}_k|\widetilde{I})$:

$$P(\widetilde{S}_k \mid \widetilde{I}) = \sum_{i=1}^{n} \frac{P(\widetilde{I} \mid w_j) \cdot P(w_j) \cdot \mu_{\widetilde{A}}(w_j)}{P(\widetilde{I})} \quad (5.7)$$

式中:$P(\widetilde{I}|w_j)$表示当敌态势处在w_j时,对我方的威胁表征为$\widetilde{I}$的条件概率。

第6步:根据$r_{m×n}$矩阵,综合计算所有态势条件下$P(\widetilde{S}_k|\widetilde{I})$行动节点先验概率$\widetilde{A}_t(t=1,2,\cdots,m)$的期望值:

$$\widetilde{A}_t = \sum_{k=1}^{n} P(\widetilde{S}_k \mid \widetilde{I}) \cdot r(\widetilde{A}_t, \widetilde{S}_k) \quad (5.8)$$

第7步:根据 TOPSIS 方法[108],计算$\widetilde{A}_t$与语言变量集的最近距离(式 A.8),由此确定行动节点集的先验概率 $P(b_t)$。

5.3 面向模糊改进 TIN 的粒子群与模拟退火混合改进算法

评价有效 JCOA 的过程就是确定最佳行动状态(不同指挥控制过程时序)的组合(发生或不发生)和行动发生的时间,以至在这种行动方案下最大化期望效能的发生概率。即使是中等规模的 TIN 网络,行动方案的可能解也有数百万个。例如,一个 50 个行动节点,行动节点发生时间为 10 之内的 TIN 网络,行动方案的可能解数为 250×1050。因此,手工反复试验穷尽搜索在有限的时间内找到最优解的概率非常小,需要应用启发式或进化算法自动化求出最优解和备用最优解。

5.3.1 算法设计

粒子群优化(Particle Swarm Optimization,PSO)算法是基于群体的演化算法,过程简单且易于实现,但存在收敛速度慢、容易早熟等缺陷。模拟退火算法(Simulated Annealing,SA)是基于蒙特卡罗(Monte-Carlo)迭代求解策略的一种随机寻优算法,可以有效地摆脱局部极小值,以任意接近于 1 的概率达到全局最小值点。混合两种智能算法可以实现"1+1>2"的效果,可以加快收敛速度并有效地规避早熟等问题[251]。

混合(Mix)算法首先以 PSO 为基础,在单位迭代周期内对所有种群并行搜索解空间。为了避免粒子群在计算一段时间后群体逐渐失去迁移性而停止进化,而导致两代之间很相似的停滞状态;加入模拟退火机制用来按概率接受"恶化解",增加种群多样化。之后进一步应用 PSO,采用新的退火温度进行新的"变异",这一过程反复迭代,直至满足 SA 退出条件。

5.3.1.1 粒子群优化算法的改进

初始化 n 组每组粒子群个数为 k 的粒子群。混沌初始化粒子群中粒子的位置和速度,混沌变量在一定的范围内具有遍历性、随机性和规律性[251]。根据混沌算法的定义,Logistic 方程是一个典型的混沌系统[252]。

$$Z_{n+1} = \mu Z_n(1 - Z_n) \tag{5.9}$$

5.3.1.2 模拟退火算法的改进

冷却温度是跳出局部极值的关键参数,将直接影响接受准则。温度更新函数一般取指数退温,即

$$t_{m+1} = \lambda t_m, \lambda \in (0,1) \tag{5.10}$$

为了动态减少运行时间,设计自适应降温公式为

$$t_{m+1} = t_m(1 - \overline{f_i}/f_i^{\text{Best}}) \tag{5.11}$$

算法运行初期,由于粒子之间的差异较大,局部最大适应值和个体平均最大适应值之比一般比较大,导致降温比较快;随着算法的运行,个体平均最大适应值和局部最大适应值之比逐渐增大并趋向于 0,温度降速比较慢,粒子逐渐趋于稳定低能态品格,接受恶化解概率也逐渐减少,直至满足算法收敛条件。

接受准则选取若采取最优解,则浪费大量的处理器时间,限制了加速比的提高。若接受最早通过的解,有可能取得更好的加速比,但是无法保证解的质量。因此,设计改进的 SA 前后迭代的接受概率为

$$p_{i,j} = \max\left\{1, \exp\left[-\frac{f_{i,j+1} - f_{i,j}}{t_m(f_i^{\text{Best}}/\overline{f_i} - 1)}\right]\right\} \tag{5.12}$$

式中:$p_{i,j}$ 为种群 i 中粒子 k 模拟退火算法的接受概率;t_m 为冷却温度;f_i^{Best} 为种群 i 最佳粒子适应度;$\overline{f_i}$ 为种群 i 的平均适应度。保证了既能保持解的质量又能提高时间效率的接受准则。同时,在 SA 算法中增加记忆功能:为避免搜索过程中由于执行概率接受环节而遗失当前遇到的最优解,可通过增加存储环节,将"Best So Far"的状态记忆下来。

5.3.2 算法描述

消息传递接口(Message Passing Interface,MPI)是目前消息传递并行程序设计标准之一。MPI 是一个信息传递应用程序接口,MPI 的目标是高性能、大规模性和可移植性,在今天仍为高性能计算的主要模型。多种群在同一退火温度时分别进行 PSO 计算,因此可以采用并行化处理,提高计算效率。混合改进算法伪代码如算法 5.1 所示。

算法 5.1 混合改进算法

已知：TIN 结构化参数

求：AUC 最大值

1: $Random\_initialize\_particles( )$
2: **while** $T >$ **MIN_TEMPERATURE do**
3:     **for** each flock i **do**
4:         **while** $pBest$ is unchanged **do**
5:             **for** each particle j **do**
6:                 $Paticle\_fitness = Calculate\_fitness(i, j)$
7:                 **if** $Paticle\_fitness > pBest$ **then**
8:                       $pBest = Paticle\_fitness$
9:                 **else if** $Paticle\_fitness > gBest$ **then**
10:                    $pBest = Paticle\_fitness$
11:                 **end if**
12:             **end for**
13:             **for** each particle j **do**
14:                 $Calculate\_particle\_velocity(i, j)$
15:                 $Update\_particle\_position(i, j)$
16:             **end for**
17:         **end while**
18:     **end for**
19: $Get\_Global\_gBest( )$
20:     **for** each flock i **do**
21:         **for** each particle J **do**
22:             $simulated\_annealing(i, j)$
23:         **end for**
24:     **end for**
25: $Set\_new\_temperature(T)$
26: **end while**

5.4 综合案例

将基于效果作战思想应用于联合作战背景下，结合对敌方各型飞机、巡航导弹、弹道导弹和军用航天器等进行防御的现代防空态势，设计一个模糊改进的TIN模型，用于防空袭作战规划，具体结构如图5.4所示。

5.4.1 基于直觉梯度模糊贝叶斯决策方法的先验概率更新算法

观测变量$X_i(i=1,2,\cdots,5)$表示以下5个因素：敌方目标的速度、距被保卫

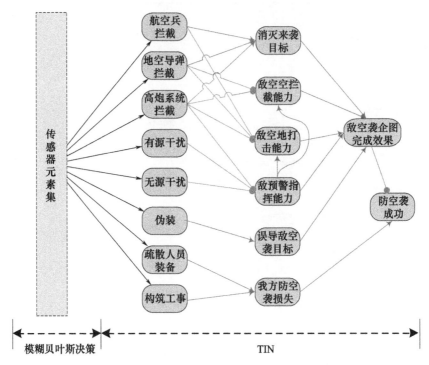

图 5.4 基于模糊改进 TIN 的防空袭作战规划

物距离、航路捷径(范围内、边缘、范围外)、空袭样式(高空、中空、低空、超低空)、干扰能力(强、中、弱、无)。对应 5 类主要的威胁目标平台:战术弹道导弹(Tactical Ballistic Missile,TBM)、反舰(巡航)导弹(Anti‐Ship Missile,ASM)、反辐射导弹(Anti‐Radiation Missile,ARM)、制导炸弹(Precision Guided Bomb,PGB)、轰击机(Bomb Attacker,BA)。假定包含 8 个不同的指挥控制方案:航空兵拦截、地空导弹拦截、高炮系统拦截、有源干扰、无源干扰、疏散人员装备、伪装和构筑工事。每个方案对应一个行为节点,每个节点的决策策略包括非常保守(Very Conservative,VC)、保守(Conservative,C)、相当保守(Fairly Conservative,FC)、稳重(Sober,S)、相当激进(Fairly Progressive,FP)、激进(Progressive,P)、非常激进(Very Progressive,VP)7 种,对应不同的直觉梯度模糊数及不同决策方案下的先验概率,如表 5.1 所示。在 5 种不同作战态势下,C2 行动节点对应不同的决策策略,如表 5.2 所示。

表 5.1 语言变量集对应的直觉梯度模糊数及不同方案下的先验概率

语言变量	直觉梯度模糊数	$\widetilde{A}_1$	$\widetilde{A}_2$	$\widetilde{A}_3$	$\widetilde{A}_4$	$\widetilde{A}_5$	$\widetilde{A}_6$	$\widetilde{A}_7$	$\widetilde{A}_8$
VC	([0.1,0.1,0.1,0.1];0.7,0.1)	0.20	0.15	0.80	0.50	0.78	0.43	0.75	0.80

续表

语言变量	直觉梯度模糊数	$\widetilde{A}_1$	$\widetilde{A}_2$	$\widetilde{A}_3$	$\widetilde{A}_4$	$\widetilde{A}_5$	$\widetilde{A}_6$	$\widetilde{A}_7$	$\widetilde{A}_8$
C	([0.1,0.2,0.3,0.4];0.8,0.1)	0.32	0.28	0.70	0.54	0.75	0.51	0.69	0.71
FC	([0.2,0.4,0.5,0.6];0.7,0.2)	0.44	0.41	0.60	0.58	0.72	0.59	0.63	0.62
S	([0.3,0.4,0.7,0.8];0.6,0.1)	0.56	0.54	0.50	0.62	0.69	0.67	0.57	0.53
FP	([0.4,0.6,0.7,0.9];0.7,0.2)	0.68	0.67	0.40	0.66	0.66	0.75	0.51	0.44
P	([0.7,0.8,0.9,1.0];0.8,0.1)	0.80	0.80	0.30	0.70	0.63	0.83	0.45	0.35
VP	([1.0,1.0,1.0,1.0];0.7,0.1)	0.92	0.93	0.20	0.74	0.60	0.91	0.39	0.26

表 5.2 C2 行为节点拟采用的先验概率矩阵 $r_{8\times5}$

态势	方案							
	$\widetilde{A}_1$	$\widetilde{A}_2$	$\widetilde{A}_3$	$\widetilde{A}_4$	$\widetilde{A}_5$	$\widetilde{A}_6$	$\widetilde{A}_7$	$\widetilde{A}_8$
$\widetilde{S}_1$	FC	S	S	VC	P	C	FC	FP
$\widetilde{S}_2$	FP	P	VP	C	VC	VP	S	FC
$\widetilde{S}_3$	FC	VP	FC	VC	C	FP	VC	FP
$\widetilde{S}_4$	C	S	VP	S	FC	FP	P	S
$\widetilde{S}_5$	VP	P	VP	FC	VC	C	S	P

具体计算步骤如下：

第 1 步：X 表示我方面向敌空袭的传感器组成的集合，对其进行模糊预处理，假定事件 $\widetilde{X}_i(i=1,2,\cdots,5)$ 构成 X 的一个分划：分别表示敌方目标的速度、距被保卫物距离、航向角、空袭样式、干扰能力，对各个元素的威胁量度进行归一化处理：

$$P(\widetilde{X}) = [0.2866, 0.1868, 0.3457, 0.0271, 0.1536]$$

第 2 步：采用模糊统计的方法，确定威胁程度 $\widetilde{I}$ 的隶属函数为 $\mu_{\widetilde{I}}(\widetilde{X}) = [1, 0.8, 0.6, 0.4, 0.2]$。根据 $\widetilde{X}$ 与敌态势 $w_j(j=1,2,\cdots,5)$ 之间的关系，由领域专家给出条件概率 $P(\widetilde{X}|w_j)$ 的赋值：

$$P(\widetilde{X}|w_1) = [0.2961, 0.3844, 0.0921, 0.2072, 0.0202]$$

$$P(\widetilde{X}|w_2) = [0.1831, 0.1456, 0.2074, 0.2391, 0.2249]$$

$$P(\widetilde{X}|w_3) = [0.2972, 0.0002, 0.3926, 0.1508, 0.1592]$$

$$P(\widetilde{X}|w_4) = [0.1324, 0.0390, 0.3037, 0.3041, 0.2208]$$

$$P(\widetilde{X}|w_5) = [0.0946, 0.2329, 0.1546, 0.2680, 0.2499]$$

第 3 步：根据模糊概率的定义(定义 5.9)，归一化威胁程度 $\widetilde{I}$ 的隶属函数 $\overline{\mu}_{\widetilde{I}}(\widetilde{X}) = [0.3333, 0.2667, 0.2000, 0.1333, 0.0667]$，计算威胁程度 $\widetilde{I}$ 的概率(式(5.5))：

$$P(\widetilde{I}) = \sum_{i=1}^{5} \bar{\mu}_{\widetilde{T}}(\widetilde{X}_i) \cdot P(\widetilde{X}_i) = 0.6543$$

第4步：计算敌作战态势处在w_j条件下，威胁程度$\widetilde{I}$发生的条件概率$P(\widetilde{I}|w_j)$（式(5.6)）：

$$P(\widetilde{I}|w_1) = 0.7418, P(\widetilde{I}|w_2) = 0.5197, P(\widetilde{I}|w_3) = 0.5932,$$
$$P(\widetilde{I}|w_4) = 0.4675, P(\widetilde{I}|w_5) = 0.4809$$

第5步：首先根据以往作战数据统计规律，给出作战敌态势隶属度$\mu_{\widetilde{A}}(w_j)$：

$$\mu_{\widetilde{A}}(w_1) = [0.3063, 0.5085, 0.5108, 0.8176, 0.7948]$$
$$\mu_{\widetilde{A}}(w_2) = [0.6443, 0.3786, 0.8116, 0.5328, 0.3507]$$
$$\mu_{\widetilde{A}}(w_3) = [0.9390, 0.8759, 0.5502, 0.6225, 0.5870]$$
$$\mu_{\widetilde{A}}(w_4) = [0.9390, 0.8759, 0.5502, 0.6225, 0.5870]$$
$$\mu_{\widetilde{A}}(w_5) = [0.8253, 0.0835, 0.1332, 0.1734, 0.3909]$$

其次，计算在获得关于敌对我威胁程度$\widetilde{I}$条件下，敌作战态势处于$\widetilde{S}_k(k=1,2,\cdots,5)$状态的后验概率（式(5.7)）：

$$P(\widetilde{S}_1|\widetilde{I}) = 0.6543, P(\widetilde{S}_2|\widetilde{I}) = 0.4009, P(\widetilde{S}_3|\widetilde{I}) = 0.5225,$$
$$P(\widetilde{S}_4|\widetilde{I}) = 0.2811, P(\widetilde{S}_5|\widetilde{I}) = 0.2556$$

第6步：根据$r_{8\times5}$矩阵（表5.2），综合计算所有态势条件下$P(\widetilde{S}_k|\widetilde{I})$行动节点先验概率$\widetilde{A}_t(t=1,2,\cdots,8)$的期望值（式(5.8)），由于$r_{8\times5}$以直觉梯度模糊数的形式表示，故采用直觉梯度模糊数的合成运算：

$$\widetilde{A}_1 = ([0.3381, 0.4955, 0.5817, 0.6895]; 0.7179, 0.1637)$$
$$\widetilde{A}_2 = ([0.6383, 0.7102, 0.8551, 0.9270]; 0.7113, 0.1000)$$
$$\widetilde{A}_3 = ([0.6253, 0.7029, 0.7952, 0.8447]; 0.6810, 0.1215)$$
$$\widetilde{A}_4 = ([0.1440, 0.2083, 0.2890, 0.3395]; 0.7129, 0.1100)$$
$$\widetilde{A}_5 = ([0.2434, 0.3232, 0.3879, 0.4525]; 0.7546, 0.1111)$$
$$\widetilde{A}_6 = ([0.4241, 0.5458, 0.6242, 0.7459]; 0.7398, 0.1350)$$
$$\widetilde{A}_7 = ([0.2829, 0.3761, 0.5187, 0.5906]; 0.6877, 0.1160)$$
$$\widetilde{A}_8 = ([0.3830, 0.5541, 0.6844, 0.8339]; 0.7037, 0.1637)$$

第7步：根据TOPSIS方法，计算$\widetilde{A}_t$与语言变量集（表5.1）的最近距离（式(A.8)）分别为[FP,P,FP,C,FC,FP,FC,FP]，由此确定行动节点集的先验概率$P(b_t)$为

$$P(b_1) = 0.68, P(b_2) = 0.80, P(b_3) = 0.40, P(b_4) = 0.54,$$
$$P(b_5) = 0.72, P(b_6) = 0.75, P(b_7) = 0.63, P(b_8) = 0.44$$

5.4.2 基于粒子群与模拟退火混合改进算法

面向防空袭作战规划方案评估的TIN(图5.4)模型(M1),在更新行为节点先验概率后,应用基于粒子群与模拟退火混合改进算法(MIX)进行最优JCOA排序,实验平台如下。

(1)硬件。①处理器:Intel(R) Core(TM)2 Q8300@ 2.50GHz(4核);②内存:2 GB DDR2-800 DDR2 SDRAM。

(2)软件。①操作系统:Ubuntu-11.10;②编译环境:gcc-4.5.2,mpich2-1.4.1。

将行动节点的启动时间界定在闭区间[1,10],应用算法自动筛选最优和次优的JCOA。为了比较MIX算法的效率,除了已有模型(M1)额外增加3个TIN模型(M2,M3,M4)用于算法验证。对每个TIN模型,分别应用SA、PSO和MIX算法各运行20次,求取平均运行时间,4个TIN模型描述及实验数据如表5.3所示。

表5.3 4个TIN模型描述及实验数据

模型	节点数	弧数	行动节点数	SA	PSO	MIX
M1	26	35	6	(3.208,5.115)	(3.221,0.168)	(3.223,2.756)
M2	16	22	8	(2.416,5.723)	(2.410,0.115)	(2.418,2.925)
M3	49	61	11	(8.084,13.068)	(8.017,0.241)	(8.076,6.486)
M4	57	72	16	(2.992,11.879)	(0.167,11.881)	(1.651,11.881)

对于示例模型(M1),最优的3个C2时序决策排序如表5.4所示,即为了实现最优JCOA规划,航空兵拦截(节点)于4点(仿真时间)启动、地空导弹拦截于5点启动、高炮系统拦截于4点启动、有源干扰于1点启动、无源干扰于2点启动、疏散人员装备于1点启动、伪装于3点启动、构筑工事于2点启动。列出次优备选解的目的在于,最优C2时序决策可能在具体应用中由于某种特殊原因无法实施;或者指挥员由于作战经验等因素更倾向于次优备选解,乃至修改最优及备选解,因为仿真计算结果的意义始终是辅助指挥员决策参考,而不是替代。

表5.4 模型M1的最优C2时序决策排序

数据	航空兵拦截	地空导弹拦截	高炮系统拦截	有源干扰	无源干扰	疏散人员装备	伪装	构筑工事
时间	4	5	4	1	2	1	3	2
	4	5	5	1	2	2	3	2
	5	5	4	2	2	1	2	2

对于求解最优适应度(JCOA的最佳效能),M1、M3模型:PSO算法陷入局部最优,SA同样没有找到全局最优解,MIX算法找到最优解。M2模型:PSO算法

陷入局部最优,SA、MIX算法找到最优解。M4模型:三个算法都找到全局最优解。对于算法计算时间,为了便于比较,时间统一为粒子每万次运动算法单位耗时;由于PSO算法过程简单,且算法本身具有一定的并行性,故算法耗时较少,计算较快;SA算法仅对一个解进行串行优化,其效率很难提高;MIX算法运算时间介于前两种算法之间。图5.5列出了4个模型应用不同算法的实验记录。

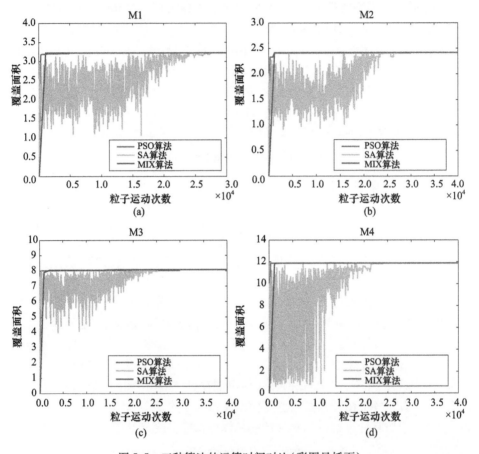

图5.5 三种算法的运算时间对比(彩图见插页)

基于以上4个模型,将MIX算法应用MPI多核并行改进后,MPI-MIX算法[①]的运算时间对比如图5.6所示。由图可见,进程数量从1增长到8:进程量为1时,未应用MPI的混合算法;进程数为2时,由于只有一个进程在负责算法

---

① 在MPI-MIX算法运算过程中,各个进程需要定期规约以统一最优解,为了减少进程交互,采用MPI基本的并行程序设计模式之一——主从模式:主进程负责维护最优解,从进程定期向主进程发送最优解并获取全局最优解。

计算,同时需要主从进程规约以交换最优解,故计算时间与进程数为 1 时略微增大;随着进程数目的增多,可见算法效率明显提高。由于实验平台 CPU 为 4 核,所以进程数量在 5 之后时间相差不大,当实验平台拓展为多机局域网时有望进一步提升计算效率。文献[253]的实验数据表明,PSO 算法的结果略优于遗传算法;而综合本书的实验计算,MIX 算法在寻找最优 JCOA 的效率上明显优于 PSO 和 SA 算法;而 MIX 算法在引入 MPI 后,体现了良好的加速比,极大地提高了并行计算效率和可扩展性。

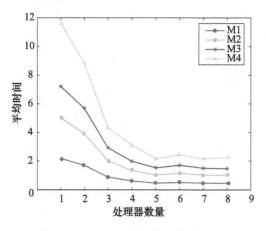

图 5.6 MPI – MIX 算法的运算时间对比

5.5 本章小结

寻求一种能够基于不完全信息和概率数据进行量化评价的科学方法,并保证评估结果的不确定性因素的影响减至最低,对于指挥控制过程的决策效能评估至关重要。大量应用结果[164-165]表明,TIN 通过将模型对象的方法和属性展现在图中,能够直观地给出决策对象、中间对象和目标对象功能间的因果关系和变量间的制约关系,而且推理简单,易于实现,适合方便地描述大型复杂决策问题。本章应用模糊贝叶斯方法解决了 TIN 行动节点先验概率人为指定的缺点,并结合了进化算法和 MPI 极大地提高了求解算法的效率和鲁棒性,为指挥控制过程在不同时序决策下的作战效能定量评估做出了一种有效尝试,其求解结果可以为指挥控制人员进行 JCOA 决策规划提供一定的辅助参考。

第 6 章　指挥控制过程模糊多准则群决策方法

对联合作战行动方案(JCOA)进行有效的评估论证,是联合作战决策的重要步骤,也是对指挥控制人员进行有效决策支持的重要工作之一。作为联合作战指挥控制过程(指挥控制过程)决策方法应用的结果,JCOA 优选问题往往带有极大的模糊性,解决带模糊性决策问题的传统方法,以往主要依靠指挥员的经验知识、智慧和胆略。这种定性分析的方法难以客观定量地反映复杂决策问题的本质,造成不同指挥员对同一决策问题常常做出不同的判断决心,缺乏准确性和时效性。现代战争瞬息万变,错综复杂,单凭个体指挥员的军事素养和经验难以实时地做出客观正确的判断,运用综合集成方法、充分发挥群专家研讨的作用,是一条有效的研究途径。本章首先设计了 JCOA 的效能评估指标体系,并针对指标体系元素之间关系呈交叉网络化的特殊性,设计了基于模糊 ANP 和模糊 VIKOR 的集成群决策方法,并给出了相应的验证实例。

6.1　联合作战行动方案效能评估

由于方案本身的复杂性和迫切的实际需求,JCOA 的效能评估一直都是学术领域研究的难点,而效能评估的重中之重就是给出方案的评估指标体系。

6.1.1　效能评估指标体系

JCOA 所涉及的各类元素之间关系交错复杂,很难定量地给出各元素之间确定的效能关系。但是,JCOA 在实战或者仿真推演过程中,总会随时间定量表现出各种反映战场态势等方面的特征,由此定义 JCOA 效能评估的基本指标[254],包括信息能力、决策能力、任务完成能力、资源消耗、实现作战目标的风险度以及方案自身结构链路关系,如图 6.1 所示。

(1)信息能力。信息能力表示 JCOA 在作战过程中获得战场的信息优势的能力,包括信息获取的完全性和准确性。信息获取的完全性是指战场感知态势中目标的种类以及数量与战场客观态势相吻合的程度。信息准确性是指战场感知态势中目标的特征与真实目标特性相吻合的程度。

(2)决策能力。JCOA 决策能力的水平和质量将直接引导作战的结果,包括决策的时效性和正确性。决策的时效性主要表现为指挥员从获取态势到发出决

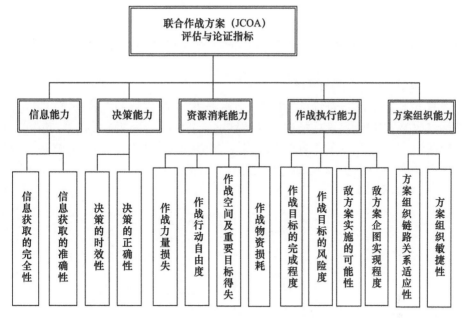

图 6.1　JCOA 效能评估与论证指标体系

策命令的决策周期时间。根据 JCOA 中规定作战任务完成的程度来衡量决策的正确性。

(3)资源消耗能力。作战收益与作战损耗是一对具有"零和"性质的对抗指标,这里主要采用资源消耗能力作为评估标准。资源消耗能力的评估指标主要包括作战力量损失、作战行动自由度、作战空间及重要目标得失、作战物资损耗等。

(4)作战执行能力。作战执行能力用于衡量 JCOA 完成作战任务的综合执行能力,包括作战目标的完成程度、作战目标的风险度、敌方案实施的可能性、敌方案企图实现程度。敌方案实施的可能性表示敌在多个可能选用的方案中采用某种方案可能性大小,用百分率表示。敌方案企图实现程度是指敌作战企图可能实现的程度。

(5)方案组织能力。方案组织能力主要包括方案组织链路关系适应性和方案组织敏捷性。检查方案组织链路关系适应性是从整体上检查方案的逻辑结构,方案在执行过程中会依赖其他某些子方案的完成。方案组织敏捷性是方案能够进行调整以适应使命环境动态变化的能力。

6.1.2　效能评估指标规范化

效能评估的度量最终依赖于可观测、可测量的量,但效能评估指标体系包含的指标属性和量纲不同,存在不可公度性,需要规范化后使用[255-256]。效能指标分为两类:一类是可量化的指标,即其表示的值是实数,其大小是有确切意义的;另一类是序化的指标,即指标的数值(或量值)表示的是一种顺序而不是大小。

1. 定量指标的无量纲模型

TIDS 作战效能定量指标,如作战力量损失、作战目标的完成程度等可能涉及的参数,采用线性尺度变换法对其量纲进行公度化。设 $T = \cup_{i=1}^{m} T_i$,其中 T_i 表示效益型、成本型指标的集合,c_{ij} 表示第 i 个方案 $A_i (i=1,2,\cdots,m)$ 关于第 j 个属性 $c_j (j=1,2,\cdots,n)$ 的指标值,t_{ij} 为转换后的指标。

(1)效益型:

$$t_{ij} = \frac{c_{ij}}{\max_i c_{ij}}, i = 1, 2, \cdots m, j \in T_1$$

(2)成本型:

$$t_{ij} = \frac{\min_i c_{ij}}{c_{ij}}, i = 1, 2, \cdots m, j \in T_2$$

2. 定性指标的量化模型

作战效能指标体系中有一部分指标不易量化而只能定性描述,如决策的时效性、方案组织敏捷性等不易用量化模型进行无量纲处理的指标,选用 1~9 标度法和专家评定法对其量化处理,并归一化后得到性能指标层各指标值。

6.1.3 效能评估方法分析

常见的 JCOA 效能评估方法很多,如层次分析法、质量功能配置方法、兰切斯特方程、作战效果解析计算、德尔菲法、模糊综合评判法、作战模拟和作战能力指数法等。这些方法在不同程度上融合了新的智能计算方法,从不同的角度和侧面对方案进行评价,以求得到具有最高满意度的评价结果。但是由于指挥控制过程自身的特点,JCOA 作战效能的综合评价又有其特殊性。

(1)影响行动方案作战效能的因素众多,各因素之间存在相互影响,建立树状的综合评价指标体系存在困难。

(2)到目前为止,各种因素影响行动方案作战效能的大小、机理等都不是很明确,因此,如果强行割裂各因素之间的相互影响关系,则可能造成评估结果不能正确地反映系统特性。

由于方案效能评估涉及因素较多,结构复杂,而且相互影响,网络分析法则是解决此类复杂问题的一种合适策略;但鉴于方案评价的模糊性,需要建立一种将模糊信息转化为确定信息的方法。因此,本书拟选用模糊网络分析法进行 JCOA 评价,用于解决传统算法无法解决的具有网络关系的混合式体系评价选择问题,并获得方案的评价准则权重;然后,在 VIKOR 算法中改进理想解和负理想解的定义,以折中规划法为核心,提供最大化"群体效益"与最小化"个别遗憾"相妥协的备选方案最佳排序,得到距离理想解最近的折中可行方案。

6.2 基于 FANP 和 VIKOR 的模糊多准则群决策集成算法

6.2.1 集成算法的基本原理

本节首先介绍集成算法涉及的 FANP 和 VIKOR 两个核心方法,并在此基础上给出算法的设计思想。

6.2.1.1 FANP 方法

ANP 由层次分析法(Analytic Hierarchy Process,AHP)发展而来,主要针对的是决策问题的结构具有依赖性和反馈性的情况。在比较复杂的 JCOA 评价中,指标结构更类似于相互影响的网络关系,每一个元素都有可能影响其他元素,同时也被其他元素影响。显然,ANP 更适合应用于这种问题。在此基础上,利用三角模糊数构建对准则的判断尺度,通过选择合适的专家组成员判断的一致性系数,减少评价过程中的主观性。

FANP 将系统元素划分为两大部分:第一部分称为控制因素层,包括问题目标及决策准则。所有决策准则相互独立且只受目标元素支配。控制因素中可以没有决策准则,但至少包含一个目标。控制层中每个准则的权重均可由传统 AHP 方法获得。第二部分称为网络层,是由所有受控制层支配的元素组成的互相影响的网络结构[257]。图 6.2 所示为典型的 FANP 结构。

根据联合作战多军兵种协同的特点,确定影响其作战效能的指标集,并选取定性指标量化和定量指标公度化的准则,由于 JCOA 评估与论证指标体系(图 6.1)一级准则和二级准则之间呈网络化交叉关系,故采用 FANP 方法对其进行建模,这里选用超级决策软件 Super Decisions 软件①来完成,如图 6.3 所示。超级决策软件 Super Decisions 于 2001 年由 Saaty 和 William Adams 共同开发,是 ANP 强大的计算工具。

---

① www.superdecisions.com.

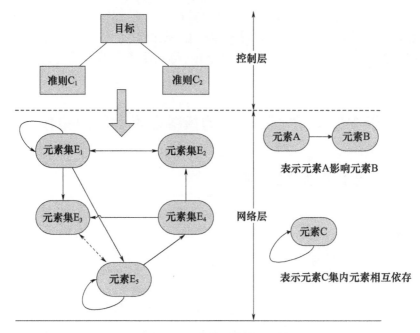

图 6.2　FANP 的典型递阶层次结构

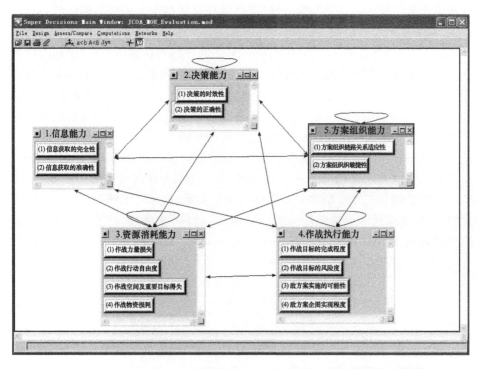

图 6.3　基于 Super Decisions 软件的 JCOA 效能评估与论证指标体系建模

6.2.1.2 VIKOR 群决策方法

在多准则决策问题中,多个准则之间往往存在冲突,不满足属性独立性的假设。目前,有很多方法求解这类问题,如 TOPSIS、PROMETHEE、ELECTRE、UTA/UTADIS、VIKOR 等。TOPSIS 和 VIKOR 是最接近理想方案的折中解法。TOPSIS 所提出的方法基于逼近理想解的原理,认为最优方案应当离正理想解最近,离负理想解最远,但此类方法并不能反映出各方案与正负理想解的接近程度。而由 Opricovic 和 Tzeng 提出的 VIKOR 方法可克服这一不足[258]。VIKOR 方法是由 Opricovic 和 Tzeng(2002)[259]提出。该方法基于折中规划的思想,同时考虑群效用的最大化和个体遗憾的最小化,并融合决策者的主观偏好,得到合理的决策结果。在策略决定阶段,VIKOR 方法比 TOPSIS 方法更加有效,因为 VIKOR 方法中的线性归一化不依赖于准则函数的评估单元,而 TOPSIS 方法则依赖于评估单位[260]。VIKOR 得到的最好方案最接近理想方案,而由 TOPSIS 方法得到的最好方案并不总是接近最理想方案,同时 VIKOR 方法得到了带有优先级的折中方案[258-259,261]。

定义 6.1:VIKOR 方法由以下形式的 L_p – metric 启动:

$$l_{p,j} = \left\{ \sum_{i=1}^{n} [w_i(f_i^* - f_{ij})/(f_i^* - f_i^-)]^p \right\}^{1/p}, 1 \leq p \leq \infty; j = 1,2,\cdots,J \tag{6.1}$$

度量 $l_{p,j}$ 表示方案 A_j 与理想的解决方案的距离。妥协的解决方案 $F^c = (f_1^c, \cdots, f_n^c)$ 是一个可行解,它最接近于理想的 F^*。$\Delta f_i = f_i^* - f_i^c (i = 1,2,\cdots,n)$ 表示相互让步达成的妥协。

尝试将 VIKOR 方法与区间直觉模糊信息相结合,提出一种新的求解评价信息为区间直觉模糊数的多准则群决策方法,用于解决联合作战指挥控制多准则群决策问题。

6.2.1.3 集成算法基本设计思路

应用 FANP 与 VIKOR 进行 JCOA 选择的基本思路:确定评价准则及模糊语言变量隶属度,建立 JCOA 的网络分析模型;进一步构建成比较矩阵,得出特征向量;构建超矩阵并求极限矩阵,得到方案选择目标的准则权重;使用模糊 VIKOR 方法评估 JCOA,集成算法基本计算流程如图 6.4 所示。

6.2.2 集成算法的计算步骤

基于 FANP 和 VIKOR 的模糊群决策集成算法主要包括以下计算步骤:

第 1 步:专家组确定评估模型,设置决策目标,通过判断元素之间是否独立,是否存在依赖反馈关系,确定准则、元素以及元素之间的相互关系,确定方案的评估准则,包括一级准则及一级准则下的二级准则。

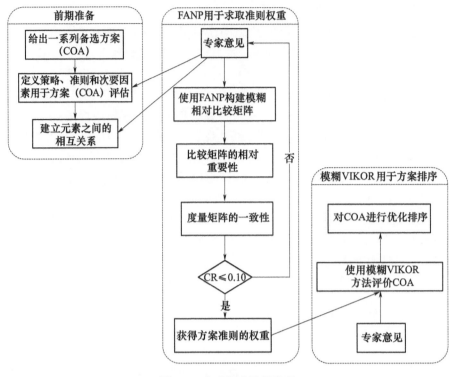

图 6.4　集成算法计算流程

第 2 步：采用 FANP 方法获得准则权重。

第 2-1 步：通过对两两指标进行比较，获得评估判断矩阵进行指标权重确定。但 ANP 中被比较的方案作战效能指标往往相互影响，存在以下两种情况[262]：

(1) 直接优势度：给定一个准则，两元素对于该准则的重要程度进行比较，适用于指标相互独立的情况。

(2) 间接优势度：给定一个准则，两个元素在准则下对第三个元素（称为次准则）的影响程度进行比较，适用于指标间存在相互影响关系的情况。

采用三角模糊数（附录）定量评价影响效能各因素的重要性（这里选择 Satty[263] 提出的九分法来标度），通过两两比较、构造正互反矩阵，评价指标相对重要判断尺度如表 6.1 所示[264]，对应的模糊语言变量隶属函数如图 6.5 所示。

表 6.1　评价指标相对重要判断尺度

尺度	相对比较
1	两因素同样重要(Equally)
3	一因素比另外因素稍微重要(Moderately)

续表

尺度	相对比较
5	一因素比另一因素明显重要(Strongly)
7	一因素比另一因素非常明显重要(Very Strongly)
9	一因素比另一因素绝对重要(Extremely)

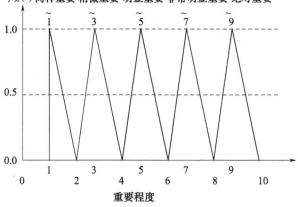

图 6.5 模糊语言变量隶属函数

第 2-2 步：把第 k 位专家判断后得到的三角模糊数建立互反的模糊判断矩阵 $\widetilde{A}(\widetilde{a}_{ij})$，$\widetilde{a}_{ij}^k$ 表示第 k 位专家评价准则 i 对于准则 j 的影响度，构建如下：

$$\widetilde{A}^k = \begin{bmatrix} 1 & \widetilde{a}_{12}^k & \cdots & \widetilde{a}_{1n}^k \\ \widetilde{a}_{21}^k & 1 & \cdots & \widetilde{a}_{2n}^k \\ \vdots & \vdots & & \vdots \\ \widetilde{a}_{n1}^k & \widetilde{a}_{n2}^k & \cdots & 1 \end{bmatrix} \quad (6.2)$$

其中，当 $i=j$，$\widetilde{a}_{ij}^k = 1$；当 $i \neq j$，$\widetilde{a}_{ij}^k = 1/\widetilde{a}_{ji}^k$，即当 $\widetilde{a}_{ij}^k = (\widetilde{l}_{ij}^k, \widetilde{m}_{ij}^k, \widetilde{u}_{ij}^k)$，$\widetilde{a}_{ji}^k = (1/\widetilde{l}_{ji}^k, 1/\widetilde{m}_{ij}^k, 1/\widetilde{u}_{ji}^k)$，$\widetilde{l}_{ij}^k < \widetilde{m}_{ij}^k < \widetilde{u}_{ij}^k$。

第 2-3 步：综合多位专家意见，建立综合模糊矩阵 $\widetilde{A}$，$\widetilde{a}_{ij}$ 表示第 k 个专家对于 i 准则和 j 准则相对重要性的判断。

$$\widetilde{A} = \begin{bmatrix} 1 & \widetilde{a}_{12} & \cdots & \widetilde{a}_{1n} \\ \widetilde{a}_{21} & 1 & \cdots & \widetilde{a}_{2n} \\ \vdots & \vdots & & \vdots \\ \widetilde{a}_{n1} & \widetilde{a}_{n2} & \cdots & 1 \end{bmatrix} \quad (6.3)$$

其中，$\widetilde{a}_{ij} = (\widetilde{l}_{ij}, \widetilde{m}_{ij}, \widetilde{u}_{ij})$，$\widetilde{l}_{ij} = \min(\widetilde{l}_{ij}^k)$，$\widetilde{m}_{ij} = (\prod_{k=1}^{t} \widetilde{l}_{ij}^k)^{1/t}$，$\widetilde{u}_{ij} = \max(\widetilde{u}_{ij}^k)$。

第2-4步:将三角模糊数判断矩阵转化为非模糊数判断矩阵,设有三角模糊数 $\Lambda = (l, m, u)$,其中 $\alpha(\alpha \in (0,1])$ 表示专家组成员判断时的一致性系数,由式(A.15)得到三角模糊数 Λ 的 α 截集。

$$\tilde{a}_{ij}^{\alpha} = [\tilde{l}_{ij}^{\alpha}, \tilde{u}_{ij}^{\alpha}] = [(\tilde{m}_{ij} - \tilde{l}_{ij})\alpha + \tilde{l}_{ij}, -(\tilde{u}_{ij} - \tilde{m}_{ij})\alpha + \tilde{u}_{ij}] \quad (6.4)$$

在实际 α 的确定过程中,如果专家组成员对评价指标认知比较统一,一般选取较大的 α。这里引入 $\xi(\xi \in [0,1])$,表示成员专家乐观程度。当 $\xi = 0$ 时,表示乐观程度是最高的,取三角模糊数的上限;相反,当 $\xi = 1$ 时,专家是最保守的。

$$\tilde{a}_{ij}^{\alpha} = \xi \tilde{u}_{ij}^{\alpha} + (1 - \xi) \tilde{l}_{ij}^{\alpha} \quad (6.5)$$

由此,得到去模糊化矩阵:

$$\tilde{A} = \begin{bmatrix} 1 & \tilde{a}_{12}^{\alpha} & \cdots & \tilde{a}_{1n}^{\alpha} \\ \tilde{a}_{21}^{\alpha} & 1 & \cdots & \tilde{a}_{2n}^{\alpha} \\ \vdots & \vdots & & \vdots \\ \tilde{a}_{n1}^{\alpha} & \tilde{a}_{n2}^{\alpha} & \cdots & 1 \end{bmatrix} \quad (6.6)$$

第2-5步:计算矩阵 $\tilde{A}$ 的特征值和特征向量及最大特征值 λ_{max}。利用式 $\tilde{A}\varpi_{max} = \lambda_{max}\varpi_{max}$,求出最大特征值对应的特征向量 ϖ_{max},规范化后得到 w。

第2-6步:计算一致性指标 CI。根据 $CI = (\lambda_{max} - n)/(n - 1)$,求得 CI,当 $CI \leq 0.1$ 时,认为一致性是可以接受的。

第2-7步:构建超矩阵。每一个准则下的元素与非同一准则元素之间有关联关系的,利用上面公式计算得到无权重矩阵,并归一化每一列。接着对元素组进行成对比较,将无权重超矩阵转化成为权重超矩阵。对该权重超矩阵进行多次相乘,直到所有列数值相同,至此获得极限超矩阵,从而得到方案选择目标的准则权重。

第3步:引入区间直觉模糊集理论(详见附录 A.2)表示决策者对方案准则的评估信息,并使用模糊 VIKOR 方法评估 JCOA。

第3-1步:由 t 位专家(决策者(Decision Maker, DM))组成的专家组对作战效能二级指标做出评价,其决策权重向量为 ω。每位决策者 $D_k(k = 1, 2, \cdots, t)$ 以区间直觉模糊数的形式,按照效能评估指标的二级准则给出方案集 $A_i(i = 1, 2, \cdots, m)$ 的二级决策矩阵 R_k^i。

第3-2步:使用前面由 FANP 方法计算的二级准则权重,结合 I-GIIFOWA 算子($\langle u_1, \tilde{\alpha}_1 \rangle, \cdots, \langle u_n, \tilde{\alpha}_n \rangle$)(式(A.24)),将方案集 A_i 二级决策矩阵 R_k^i 下的二级准则评价信息聚集为一级准则评价信息,即一级决策矩阵为 $\breve{R}_k^i$。

第3-3步:根据专家组成员的权重向量 $\omega = (\omega_1, \cdots, \omega_t)^T$,再次使用 I-GIIFOWA 算子,聚集一级决策矩阵 $\breve{R}_k$ 为一级集体决策矩阵 $\breve{R}$。

第3-4步:根据不同的一级准则标准(效益指数和成本指数)确定不同的

最佳间隔,对于收入准则:$c_i = ([\max \mu^L, \max \mu^U], [\min \nu^L, \min \nu^U])$;对于成本指数:$c_i = ([\min \mu^L, \min \mu^U], [\max \nu^L, \max \nu^U])$①。确定所有准则函数($i=1$,$2,\cdots,n$)最佳的$f_i^*$和最差的$f_i^-$值,由此得出最佳决策矩阵$\boldsymbol{D}_{\text{best}}$。

第3-5步:根据S,R和Q的递减顺序进行排序排名方案。

第3-6步:提出一个折中的解决方案,最优方案a'由Q的最佳排名(最小值)确定。如果满足以下两个条件。

(1)可接受的优势:$Q(a'') - Q(a') \geqslant DQ$,其中$a''$由$DQ = 1/(J-1)$排序的次优方案,$J$是方案的数量。

(2)决策可接受的稳定性:S与/或R的排序同样可以确定最优方案a'。解在决策过程中是稳定的,由"多数定律"(当$\nu > 0.5$)或"达到共识"($\nu \approx 0.5$)或"带有否决权"($\nu < 0.5$)。

若不能同时满足可接受优势条件和稳定性条件,将得到一个折中方案集,包括:

(1)如果条件2不满足,方案a'和a''均为折中方案。

(2)当且仅当条件1不满足,得到折中方案集a',a'',$\cdots$,$a^{(m)}$,$a^{(m)}$由$Q(a^{(m)}) - Q(a') \approx 1/(J-1)$确定最大值,这些方案在序列中是邻近排列的,都贴近理想方案。

6.3 验证实例

下面以一个多兵种联合作战的登陆战役为例,对 JCOA 进行优劣排序。假设该次战役共有4个可选方案A_i($i=1,2,3,4$),按照图6.1所示的JCOA效能评估指标体系,评价指标分为两个层次:第一层5个指标,第二层14个指标。首先,由10位军事专家组成专家组,使用 FANP 方法,对 JCOA 效能评估指标体系所属的两层准则元素进行两两比较分析,并进一步求得权重系数;其次,由4位指挥员组成的决策专家组,对不同 JCOA 的二层指标以区间直觉模糊数的方式进行量化,并使用模糊 VIKOR 方法对多方案进行优化排列。具体步骤如下:

第1步:确定评估模型,设置决策目标,构建具有10个成员的准则判断专家

---

① 如果i-th准则代表效益指数,那么$f_i^* = \max f_{ij}$和$f_i^- = \min f_{ij}$;否则,如果i-th准则代表成本指数,那么$f_i^* = \min f_{ij}$和$f_i^- = \max f_{ij}$。使用$S_j = \sum_{i=1}^{n} w_i(f_i^* - f_{ij})/(f_i^* - f_i^-)$和$R_j = \max_i [w_i(f_i^* - f_{ij})/(f_i^* - f_i^-)]$,计算$S_j$和$R_j$,其中$w_i$表达相对重要性的准则权重。使用$Q_j = \nu(S_j - S^*)/(S^- - S^*) + (1-\nu)(R_j - R^*)/(R^- - R^*)$,$S^* = \min_j S_j$,$S^- = \max_j S_j$,$R^* = \min_j R_j$,$R^- = \max_j R_j$,计算$Q_j$,$\nu$表示最大群效益的权重(通常指定$\nu = 0.5$)。

组,确定方案的评估准则,如图 6.3 所示。

第 2 步:采用 FANP 方法①获得准则权重。

第 2-1 步:采用三角模糊数(附录 A.3)定量评价指标相对重要尺度(表6.1)。

第 2-2 步:把第 $k(k=1,2,\cdots,10)$ 位专家判断后得到的三角模糊数建立互反的模糊判断矩阵 $\widetilde{A}(\widetilde{a}_{ij})$。

第 2-3 步:综合多位专家意见,建立综合模糊矩阵。

第 2-4 步:将三角模糊数判断矩阵转化为非模糊数判断矩阵。

第 2-5 步:计算矩阵 $\widetilde{A}$ 的特征值和特征向量,求出最大特征值 λ_{max}。

第 2-6 步:计算一致性指标 CI。

第 2-7 步:构造超矩阵计算评价指标权重,如表 6.2 所示。

表 6.2 指标权重和各子因素集的评价结果

因素集	权重	子因素集	子因素集权重	极限
信息能力	0.2358	信息获取的完全性	0.40933	0.096521
		信息获取的准确性	0.59067	0.139282
决策能力	0.1251	决策的时效性	0.52128	0.065196
		决策的正确性	0.47872	0.059872
资源消耗能力	0.2795	作战力量损失	0.30603	0.085543
		作战行动自由度	0.36633	0.102397
		作战空间及重要目标得失	0.12653	0.035369
		作战物资损耗	0.20111	0.056214
作战执行能力	0.1266	作战目标的完成程度	0.56658	0.071697
		作战目标的风险度	0.15501	0.019615
		敌方案实施的可能性	0.13918	0.017612
		敌方案企图实现程度	0.13923	0.017619
方案组织能力	0.2331	方案组织链路关系适应性	0.48480	0.112989
		方案组织敏捷性	0.51520	0.120073

第 3 步:使用模糊 VIKOR 方法按照效能评估指标评价 JCOA。

第 3-1 步:由 4 位专家(决策者)组成的专家组对作战效能二级指标做出评价,其权重向量为 $\omega = (0.26, 0.21, 0.19, 0.34)$。每位决策者 $D_k(k=1,2,3,4)$ 以区间直觉模糊数的形式,按照效能评估指标的二级准则给出方案集 $A_i(i=1,2,3,4)$ 的二级决策矩阵 R_k^j,由于篇幅所限,故略。

---

① FANP 方法的实际计算过程使用 Super Decision 软件,由于篇幅所限,这里直接给出评价指标权重和各子因素集的评价结果。

第3-2步：使用前面由FANP方法计算的二级准则权重(表6.2)，结合I-GI-IFOWA算子(式(A.24))，将方案集A_i二级决策矩阵R_k^i下的二级准则评价信息聚集为一级准则($C_j(j=1,2,\cdots,5)$)评价信息，即一级决策矩阵为$\tilde{R}_k^i$，如表6.3所示。

表6.3 方案集A_i的一级决策矩阵$\tilde{R}_k^i$

D_k	A_i	C_1	C_2	C_3	C_4	C_5
D_1	A_1	[0.8422,0.9371], [0.2119,0.2568]	[0.9042,0.9491], [0.1167,0.3151]	[0.8863,0.9696], [0.0696,0.2207]	[0.7975,0.8079], [0.1387,0.2364]	[0.7722,0.9361], [0.0787,0.2806]
	A_2	[0.7539,0.8178], [0.0398,0.2776]	[0.8581,0.9191], [0.0855,0.2024]	[0.6942,0.7852], [0.1500,0.2045]	[0.7841,0.9103], [0.1529,0.1941]	[0.7448,0.7737], [0.1802,0.2206]
	A_3	[0.7100,0.8187], [0.1219,0.1751]	[0.7597,0.9117], [0.1768,0.2545]	[0.8258,0.8940], [0.2093,0.2870]	[0.6688,0.9603], [0.1616,0.2573]	[0.6867,0.9271], [0.1312,0.3110]
	A_4	[0.7848,0.9647], [0.2238,0.3242]	[0.8402,0.9634], [0.0640,0.2471]	[0.7869,0.9788], [0.0463,0.1734]	[0.8184,0.8651], [0.1159,0.2321]	[0.7842,0.8505], [0.0313,0.0500]
D_2	A_1	[0.6901,0.8040], [0.0107,0.0822]	[0.7678,0.9484], [0.2049,0.2221]	[0.8057,0.9334], [0.0278,0.1208]	[0.7282,0.8643], [0.0165,0.2087]	[0.7070,0.7504], [0.1632,0.2203]
	A_2	[0.6704,0.7248], [0.0642,0.2433]	[0.7367,0.9998], [0.0410,0.2969]	[0.7115,0.8938], [0.0685,0.3274]	[0.7958,0.8220], [0.0488,0.2563]	[0.6700,0.9700], [0.0630,0.1938]
	A_3	[0.8241,0.9628], [0.0142,0.3094]	[0.8402,0.9546], [0.1934,0.2117]	[0.7329,0.7738], [0.0057,0.0940]	[0.8349,0.9241], [0.0403,0.1795]	[0.8340,0.9368], [0.2317,0.2876]
	A_4	[0.6997,0.8350], [0.1614,0.1664]	[0.8084,0.9508], [0.1786,0.2816]	[0.7183,0.9817], [0.0698,0.1484]	[0.7164,0.7538], [0.0413,0.1841]	[0.8047,0.8131], [0.1635,0.2100]
D_3	A_1	[0.7132,0.7157], [0.0189,0.1160]	[0.6885,0.7087], [0.1487,0.1740]	[0.6719,0.9099], [0.0181,0.1119]	[0.7137,0.9305], [0.0586,0.0590]	[0.7381,0.8117], [0.0696,0.2209]
	A_2	[0.7866,0.8289], [0.1103,0.3017]	[0.8610,0.9408], [0.2251,0.2995]	[0.8671,0.9313], [0.0394,0.1562]	[0.6840,0.9554], [0.3040,0.3295]	[0.9726,0.9897], [0.0347,0.1800]
	A_3	[0.6870,0.9648], [0.2356,0.2485]	[0.8996,0.9527], [0.2454,0.3332]	[0.9015,0.9445], [0.0959,0.1873]	[0.7930,0.8890], [0.0614,0.1382]	[0.8088,0.8443], [0.1549,0.1991]
	A_4	[0.7839,0.9826], [0.1000,0.2547]	[0.6896,0.9916], [0.0447,0.2727]	[0.7193,0.7571], [0.0334,0.0709]	[0.7541,0.8137], [0.0594,0.2983]	[0.7153,0.9789], [0.0238,0.1199]
D_4	A_1	[0.9192,0.9730], [0.1322,0.2409]	[0.7409,0.9821], [0.0205,0.0368]	[0.6983,0.8528], [0.0392,0.2601]	[0.8221,0.9956], [0.1125,0.2136]	[0.7009,0.9636], [0.1096,0.2026]
	A_2	[0.7247,0.9344], [0.2179,0.2471]	[0.8873,0.9689], [0.0349,0.2497]	[0.8975,0.9020], [0.0426,0.1944]	[0.7512,0.8480], [0.1832,0.2467]	[0.9661,0.9966], [0.0783,0.1617]

续表

D_k	A_i	C_1	C_2	C_3	C_4	C_5
D_4	A_3	[0.6682,0.9839], [0.2450,0.2968]	[0.7774,0.8893], [0.2663,0.3235]	[0.7988,0.9009], [0.2448,0.2890]	[0.8246,0.9793], [0.0171,0.0287]	[0.7568,0.9006], [0.0243,0.1221]
	A_4	[0.7642,0.9845], [0.0295,0.1231]	[0.7395,0.8315], [0.2283,0.2661]	[0.7462,0.9040], [0.1993,0.3143]	[0.7692,0.7896], [0.2279,0.2631]	[0.8144,0.9700], [0.0440,0.1226]

第3-3步：根据专家组成员的权重向量 ω，再次使用 I-GIIFOWA 算子，聚集各个专家的一级决策矩阵 $\tilde{R}_k$ 为集体决策矩阵 $\tilde{R}$，如表 6.4 所示。

表 6.4 集体决策矩阵 $\tilde{R}$

A_i	C_1	C_2	C_3	C_4	C_5
A_1	[0.8405,0.9221], [0.1337,0.2030]	[0.8001,0.9512], [0.1297,0.2077]	[0.7860,0.9253], [0.0448,0.2035]	[0.7806,0.9604], [0.1002,0.2001]	[0.7298,0.9153], [0.1106,0.2324]
A_2	[0.7360,0.8631], [0.1412,0.2657]	[0.8520,0.9846], [0.1117,0.2600]	[0.8249,0.8865], [0.0882,0.2266]	[0.7598,0.8923], [0.1898,0.2554]	[0.9146,0.9808], [0.1080,0.1887]
A_3	[0.7243,0.9588], [0.1876,0.2648]	[0.8190,0.9266], [0.2274,0.2886]	[0.8215,0.8933], [0.1839,0.2426]	[0.7905,0.9559], [0.0895,0.1680]	[0.7720,0.9094], [0.1439,0.2361]
A_4	[0.7621,0.9681], [0.1445,0.2266]	[0.7788,0.9513], [0.1616,0.2660]	[0.7476,0.9464], [0.1243,0.2185]	[0.7713,0.8113], [0.1498,0.2485]	[0.7888,0.9385], [0.0818,0.1336]

第3-4步：首先计算最佳决策矩阵 D_{best}。根据准则评价标准的不同，收入准则：$C_i = ([\max \mu^L, \max \mu^U], [\min \nu^L, \min \nu^U])$；成本准则：$C_i = ([\min \mu^L, \min \mu^U], [\max \nu^L, \max \nu^U])$，确定 D_{best}，如表 6.5 所示。

表 6.5 最佳决策矩阵

D_{best}	C_1	C_2	C_3	C_4	C_5
	[0.8405,0.9681], [0.1337,0.2030]	[0.8520,0.9846], [0.1117,0.2077]	[0.8249,0.9464], [0.0448,0.2035]	[0.7598,0.8113], [0.1898,0.2554]	[0.7298,0.9094], [0.1439,0.2361]

第3-5步：根据 S,R 和 Q 的递减顺序进行排序排名方案，如表 6.6 和图 6.6 所示。

表 6.6 根据 $S_i, R_i, Q_i(\nu=0.3, 0.7)$ 值的不同方案排序

i	S_i	排序	R_i	排序	$Q_i(\nu=0.3)$	排序	$Q_i(\nu=0.7)$	排序
1	0.6957	4	0.2382	1	0.3000	2	0.7000	4

续表

i	S_i	排序	R_i	排序	$Q_i(v=0.3)$	排序	$Q_i(v=0.7)$	排序
2	0.6409	2	0.2602	4	0.7390	4	0.3910	2
3	0.6722	3	0.2469	3	0.4655	3	0.5577	3
4	0.6327	1	0.2401	2	0.0618	1	0.0265	1

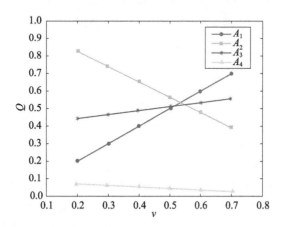

图6.6　最大效用v的敏感性分析($v=0.2,0.3,\cdots,0.7$)及Q值对方案集的排序

第3-6步:选择两种情况分析最佳(或妥协)的方案。当$v=0.3$,根据Q升序排列方案:$A_4>A_1>A_3>A_2$。进一步检查前面提到两个条件是否被满足:

(1)可以接受的优势没有满足:由于$Q(a'')-Q(a')=d(A_1-A_4)=0.3000-0.0618=0.2382<DQ=0.2500$,$Q(a''')-Q(a')=d(A_3-A_4)=0.4655-0.0618=0.4037>DQ=0.2500$,其中$A$根据$Q$排序,而且$DQ=1/4$(当$m\leqslant 4$时,$m=4$),故得到一个妥协的解决方案集:$A_3,A_2$,最大效用$M=4$(方案的位置是"相关的")。

(2)在决策过程中可以接受的稳定性满足:根据S的值升序排列:$A_4>A_2>A_3>A_1$,根据Q方案A_4是最佳的。

可以接受妥协的解决方案由决策群组确定,因为它提供了对于"大多数"的"群效用"和最小的"个别遗憾"的"对手"。如果条件之一是满意的,一组妥协的解决方案,包括A_3和A_2被提出。当$v=0.7$,根据Q升序排列结果为$A_4>A_2>A_3>A_1$。检查两个条件是否满足:

(1)可接受的优势满足:$Q(a'')-Q(a')=d(A_2-A_4)=0.3910-0.0265=0.3645>DQ=0.2500$。

(2)决策中可以接受的稳定性满足:根据S升序排列:$A_4>A_2>A_3>A_1$,根据S方案A_4同样是最佳的。

此外,如表6.6所示,对权重策略的最大效用v进行敏感性分析(这里分别取

$\nu=0.2,0.3,\cdots,0.7$)。通过 ν 值的增加观察 S,R,Q 所产生的变化,以及方案的最终排名。判断妥协的解决办法在决策过程中是否稳定,是否可能为最大的群效用。

为了验证 VIKOR 方法的应用是合理和有效的,另使用 TOPSIS 方法计算排序结果。TOPSIS 方法由 Chen 和 Hwang(1992)[265]提出,其基本原理是:所选择的方案应具有理想的解决方案的最短距离和最远的距离从负极理想的解决方案。利用 TOPSIS 方法计算相对贴近理想的解决方案,结果显示在表 6.7 中。

表 6.7 TOPSIS 方法的方案集排序

A_i	TOPSIS 计算值	排序
1	0.8777	1
2	0.3203	4
3	0.5010	3
4	0.5165	2

类似 VIKOR 方法,TOPSIS 依赖于一个和理想值的聚合函数。根据表 6.7 的计算结果分析:由 TOPSIS 方法的排序结果与 VIKOR 方法中按 R 排序的结果相同,但与按 S 排序不同。原因在于,按 R 排序的 VIKOR 方法主要考虑反对意见的最小个别遗憾对排序结果的影响,而按 S 排序的 VIKOR 方法主要考虑最大群体效率对排序结果的影响,TOPSIS 方法在归一化计算过程中更倾向于主要考虑最大群体效率对排序结果的影响。另外,TOPSIS 方法的计算过程可能依赖评价单元的归一化值,这无形中增加了一定误差,而 VIKOR 方法则不然。通过 VIKOR 得到的最好方案最接近理想方案,而由 TOPSIS 方法得到的最好方案并不总是接近最理想方案,同时 VIKOR 法得到了带有优先级的折中方案。

6.4 本章小结

JCOA 的优选是指挥控制过程一种重要的决策方法,也是经常要面临的一项工作。本章针对当前 JCOA 效能评价方法存在的不足,给出了 JCOA 两级效能评估与论证指标体系,引入三角模糊理论和区间直觉模糊理论描述信息的不确定性,进而提出了一种结合 FANP 法和 VIKOR 算法的混合多准则群决策方法。采用的评估模型是否科学合理会直接影响决策结果的科学性。FANP 评价选择方法不仅考虑了指标的层次关系,也考虑各层中因素之间的相互关系,解决了对具有网络关系的混合型结构作战效能评价指标体系的评价计算问题。VIKOR 法计算得出最大化"群体效益"与最小化"个别遗憾"相妥协的备选方案最佳排序,给出距离理想解最近的折中可行方案[266]。最后给出了一个指挥控制过程决策应用的计算实例,验证了该方法的可行性和有效性。

第7章 总结与展望

战场是一个充满不确定性的王国,正如克劳塞维茨指出[267]:"战争中一切情况都很不确定,这是一种特殊的困难。因为一切行动都仿佛在或明或暗的光线下进行,而且,一切往往都像在云雾里和目光下一样……。"面向充斥着多种不确定性的信息化战争,本书尝试以模糊集相关理论对联合作战条件下的指挥控制过程进行深入的探讨。本章对全文的研究工作进行了全面总结,并展望了需要进一步开展的研究工作。

7.1 总结

未来战争是陆、海、空、天、电"五维一体化"的联合作战,是体系与体系之间的对抗,这种体系对抗的特点要求指挥控制过程具有高度自适应的能力。联合作战指挥控制过程(指挥控制过程)模糊表示与决策方法的研究,在理论研究和技术实现上都还处于起步状态,许多难题亟待解决。本书以模糊集理论为思想,以指挥控制过程建模为应用背景,重点从表示和决策两方面,对指挥控制过程进行了模糊拓展的求解探讨。

首先,针对军事分析领域模糊信息对指挥控制过程建模带来的不利影响,而利用模糊本体技术解决了指挥控制过程语义表示问题。在此基础上,通过对BOM的指挥控制过程的模糊本体语义附加,设计了指挥控制模糊知识库插件,以插件的形式赋予模型智能指挥控制功能。指挥控制过程的决策分析是一个较为复杂的问题,以往对于这种复杂科学的探讨性研究多是从宏观定性的角度进行分析的,但是面向网络中心战条件下的指挥控制过程的决策,需要有定量化形式的分析结果为指挥员提供较为精确化的决策支持[136]。本书将模糊集与模糊推理的方法与军事专家的经验决策结合,对该问题进行了初步的探讨,为不确定条件下指挥控制的表示与决策方法提供了一种新的研究思路。

现将本书的内容总结如下:

(1)提出了指挥控制过程模糊表示与求解框架。首先对指挥控制过程的概念内涵、特点及复杂性分别了进行深入分析,并在此基础上提出了指挥控制过程模糊表示与决策的建模设计方法。其次深入分析了当前指挥控制过程表示与决策方法的不足和模糊化求解需求,并在此基础上提出了指挥控制过程模糊表示与决策方法的求解框架。

(2)提出了基于模糊本体的指挥控制过程语义表示方法。首先设计了一种新的模糊描述逻辑 $L-SHOIN$,给出其语法和语义,并基于该形式逻辑将 OWL 模糊扩展为 FOWL,为模糊本体的研究提供了新的表示方法。针对军事分析领域模糊信息对指挥控制过程建模带来的不利影响,面向 FOWL 在 JC3IEDM 数据模型的基础上设计了指挥控制过程模糊本体。另外,开发了指挥控制过程模糊本体的语义验证方法,包括基于模糊描述逻辑和基于 f-SWRL 的检验方法。

(3)提出了指挥控制过程模糊知识库构建方法。针对当前 BOM 语义表示能力的不足,通过对其进行指挥控制过程模糊本体的语义附加,设计了基于 BOM 的联合任务空间实体模型开发框架。联合任务空间实体通过插件的形式重用已有插件以扩展模型的功能,指挥控制模糊知识库插件的使用可以赋予模型智能指挥控制功能。因此,对模糊知识库的组成及工作原理进行了深入研究,在此基础上设计了模糊知识库的构建方法,并给出了其对模糊威胁评估推理分析的应用实例。

(4)提出了基于效果作战的指挥控制过程模糊决策优化方法。赋时影响网是将基于效果作战思想从定性描述转化为定量解析模型的有效工具,可以对指挥控制过程决策方法进行定量的分析优化。引入模糊贝叶斯决策的方法改进决策节点的先验概率基本都是人为指定的不足:将作战态势了解的情况作为模糊信息处理,用最新输入的模糊信息改进关于自然状态的先验分布假定,进而计算后验模糊风险,以此更新决策节点的先验概率。在此基础上设计了模糊改进赋时影响网原型系统,并在具体的应用战例中验证了改进方法的有效性。

(5)提出了指挥控制过程模糊多准则群决策方法。在认知域中实现了指挥控制过程以群决策的方式对联合作战行动方案(JCOA)进行多准则模糊决策过程。针对 JCOA 评估元素之间相互影响的网络关系和多准则之间存在冲突的问题,引入三角模糊理论和直觉模糊理论表达信息的不确定性,提出了一种结合 FANP 和 VIKOR 的混合多准则模糊群决策方法。并在联合登陆的 JCOA 评价中对方法进行了应用,供指挥员辅助决策参考。

7.2 下一步研究的问题

模糊性总是伴随着复杂性而出现的,复杂性意味着因素的多样性、联系的多样性。由于目前信息化、网络化的战场环境的不确定性,指挥控制过程变得更加复杂,所以对其模糊表示和决策进行研究具有重大意义。未来的研究应广泛借鉴国外先进的理论和方法,重视指挥控制过程建模及应用方面的模糊扩展。本书对指挥控制过程的模糊扩展研究还比较基础,只重点触及了表示和决策方法

的两个基本问题,还有许多理论和方法需要研究。在本书研究的基础上,还有以下内容值得进一步研究:

(1)建立指挥控制过程的概念模型。准确高效的概念模型有助于军事人员理解网络中心战环境下指挥控制过程和传统指挥控制过程之间的差异,加速指挥控制过程模型的构建。另外,在信息战条件下,概念模型为后续的指挥控制过程 建模设计与实现提供了可靠的依据,为指挥控制过程模型检验、验证和确认建立了良好的基础。

(2)以本书工作为基础,将模糊本体领域的最新理论和技术成果应用到指挥控制过程模糊表示方法中,以构建能够满足各种应用需求的指挥控制过程模糊本体。由于联合作战条件下的 C2 几乎涉及所有军兵种范围,过程之间相互关系复杂,加之现代战争中战略、战役和战术 C2 之间划分的边界变得越来越不明确。此外,当前 C2 依赖的其他作战领域(如后勤、情报等)也缺乏成熟的本体以及战争不断发展的特性等,都造成指挥控制过程本体的构建充满了复杂性和艰巨性。模糊本体技术的发展为在指挥控制过程实现模糊语义层次的互操作能力提供了一个新的途径。像其他领域本体构建面临的挑战一样,指挥控制过程模糊本体的开发和完善是一个反复迭代的过程。模糊 OWL 本体是一个比较新的研究课题,国内外对它的研究还处于起步阶段,还有很多相关问题需要深入地研究和探讨。

(3)真实数据对算法的实验验证。尽管本书对部分算法进行了实验验证,但考虑到军事领域真实数据的敏感性,实验数据部分为合成的随机数据,而非作战决策领域的真实数据。从算法验证的角度出发,需要进一步使用真实的军事领域数据对各算法进行验证,并建立指挥控制过程模糊表示和决策方法的测试平台、仿真平台,指导 JCOA 生成及优选理论和方法的探索。

(4)建立支持指挥控制过程模糊表示和决策方法的原型系统。首先,建立完整的指挥控制过程的模糊本体库,并在此基础上完善 JMSBOM 模型开发框架,设计基于组件式建模的模糊 C2 知识库插件,以支持组件式仿真分析系统中的任务空间实体具有自主指挥控制的能力。另外,一方面,完善赋时影响网建模工具对模糊贝叶斯估计的数据支持,使其能够在态势估计层面具有战场实时的动态更新功能;另一方面,设计支持指挥控制过程模糊群决策方法的原型系统,要求具有友好的人机交互界面,使之能够更加有效地启发和引导作战决策人员制订最佳作战方案,乃至生成作战计划。

参考文献

[1] 黄柯棣,邱晓刚,等. 建模与仿真技术[M]. 长沙:国防科技大学出版社,2010.
[2] 李建军,刘翔,任彦,等. 作战任务高层本体描述及规划[J]. 火力与指挥控制,2008,33(1):53-55,60.
[3] 胡晓峰,杨镜宇,司光亚,等. 战争复杂系统仿真分析与实验[M]. 北京:国防大学出版社,2008.
[4] ZADEH L A. Fuzzy sets [J]. Information and Control,1965,8(3):338-353.
[5] 高飞,高阜乡,王钰,等. 基于实体的指挥控制过程仿真建模[J]. 指挥控制与仿真,2012,34(3):116-120.
[6] 张鹏野. 作战模拟基础[M]. 北京:高等教育出版社,2004.
[7] 蔡自兴,姚莉. 人工智能及其在决策系统中的应用[M]. 长沙:国防科技大学出版社,2006.
[8] OBERKAMPF W L,DELAND S M,Rutherford B M,et al. A new methodology for the estimation of total uncertainty in computational simulation [C]//AIAA Paper:AIAA/ASME/ASCE/AHS/ASC Structures,Structural Dynamics,and Materials Conference,1999:3061-3083.
[9] MCMANUS H,HASTINGS D. A framework for understanding uncertainty and its mitigation and exploitation in complex systems [J]. IEEE Engineering Management Review,2006,34(3):81.
[10] 夏佩伦. 不确定性推理方法研究[J]. 火力与指挥控制,2010,35(11):87-91.
[11] SHALIKASHVILI J M. Joint Vision 2010[J]. Quality,1996.
[12] Joint Vision 2020[Z]. Washington DC:US Goverment Printing Office,2000.
[13] 陈之宁,陈立新. 模糊数学及其军事应用[M]. 合肥:合肥炮兵学院,1994.
[14] 刘源沥. 军事认识的精确性和模糊性[J]. 军事历史研究,1993(1):150-157.
[15] 岳磊,马亚平,徐俊强. 面向语义的C2领域本体构建研究[J]. 指挥控制与仿真,2011,33(5):12-15,19.
[16] 孙瑞,王智学,姜志平,等. 外军指挥控制过程模型剖析[J],舰船电子工程,2012,32(5):12-14,42.
[17] 张大科. 联合作战指挥控制决策及其共享框架研究[D]. 长沙:国防科学技术大学,2011.
[18] WOHL J G. Force management decision requirements for Air Force tactical command and control [J]. IEEE Transactions on Systems,Man and Cybernetics,1981,11(9):618-639.
[19] 张红兵,赵杰煜,罗雪山. 计算智能在多源信息融合中的应用研究[J]. 计算机应用研究,2003,20(4):27-30.
[20] LAWSON J. Command control as a process [J]. IEEE Control Systems Magazine,1981,1(1):5-16.

[21] HAYES R E, WHEATLEY G F. The Evolution of the Headquarters Effectiveness Assessment Tool(HEAT) and Its Applications to Joint Experimentation [C]//6th IC – CRTS in Annapolis. Vienna, VA: EBR, 2001.

[22] KLEIN G A. A recognition – primed decision(RPD) model of rapid decision making [J]. Decision Making in Action: Models and Methods, 1993, 5(4): 138 – 147.

[23] BREHMER B. The dynamic OODA loop: Amalgamating Boyd's OODA loop and the cybernetic approach to command and control [C]// 10th International Command and Control Research and Technology Symposium The Future of C2, 2005: 365 – 368.

[24] ROUSSEAU R, BRETON R. The M – OODA: A model incorporating control functions and teamwork in the OODA loop [C]// Proceedings of the 2004 Command and Control Research Technology Symposium, 2004: 1 – 18.

[25] BRETON R, ROUSSEAU R. The C – OODA: A cognitive version of the OODA loop to represent C2 activities [C]// Proceedings of the 10th International Command and Control Research Technology Symposium, 2005.

[26] ALBERTS D S, GARSTKA J J, STEIN F P. Network Centric Warfare: Developing and Leveraging Information Superiority[R]. CCRP, 2000.

[27] DAVIES J, FENSEL D, HARMELEN F V. Towards the semantic Web: Ontology – driven Knowledge Management [M]. Chichester: John Wiley &Sons, Ltd, 2003.

[28] NECHES R, FIKES RE, FININ T, et al. Enabling technology for knowledge sharing [J]. AI magazine. 1991, 12(3): 36 – 56.

[29] GRUBER T R. A translation approach to portable ontology specifications [J]. Knowledge Acquisition. 1993, 5(2): 199 – 220.

[30] BORST W N. Construction of Engineering Ontologies for Knowledge Sharing and Reuse [D]. Enschede: University of Twente, 1997.

[31] CURTS R J, CAMPBELL D E. Building an Ontology for Command & Control [C]// Proceedings of the 10th International Command and Control Research and Technology Symposium(ICCRTS) The Future of C2, The Ritz – Carlton Hotel, Tysons Corner, McLean, VA, June 13 – 16, 2005.

[32] SMITH B, MIETTINEN K, MANDRICK W. The Ontology of Command and Control (C2) [C]// Proceedings of the 14th International Command and Control Research and Technology Symposium. Buffalo, NY, 2009: 1 – 15.

[33] KONAR A. Artificial Intelligence and Soft Computing: Behavioral and Cognitive Modeling of Human Brain [M]. Boca Raton, FL: CRC Press LLC, 2000.

[34] 钟秀琴, 刘忠, 丁盘苹. 基于混合推理的知识库的构建及其应用研究[J]. 计算机学报, 2012, 35(4): 761 – 766.

[35] CURTIS J, CABRAL J, BAXTER D. On the application of the cyc ontology to word sense disambiguation [C]// Proceedings of the 19th International Florida Artificial Intelligence Research Society Conference, 2006: 652 – 657.

[36] FELLBAUM C. WordNet [M]// Poli R,Healy A,Kameas A. Theory and Applications of Ontology:Computer Applications. Berlin:Springer,2010.

[37] Uschold M,King M,Moralee S,et al. The enterprise ontology [J]. The knowledge Engineering Review,1998,13(1):31 - 89.

[38] Li L S,Zhang N B,Li S. Ranking effects of candidate drugs on biological process by integrating network analysis and Gene Ontology [J]. Chinese Science Bulletin,2010,55(26):2974 - 2980.

[39] 陆汝钤,石纯一,张松懋,等. 面向 Agent 的常识知识库[J]. 中国科学:E 辑,2000,30(5):453 - 463.

[40] 眭跃飞,高颖,曹存根. NKI 中的本体、框架和逻辑理论[J]. 软件学报,2005,16(12):2045 - 2053.

[41] DARR T P,BENJAMIN P,MAYER R. Course of action planning ontology [C]. Ontology for the Intelligence Community Conference(OIC 2009),George Mason University,2009.

[42] COHEN P,SCHRAG R,JONES E,et al. The DARPA high - performance Knowledge Bases Project [J]. The AI magazine,1998,19(4):25 - 49.

[43] 魏圆圆,钱平,王儒敬,等. 知识工程中的知识库、本体与专家系统[J]. 计算机系统应用,2012(10):220 - 223.

[44] DAHMANN J S,SALISBURY M R,BOOKER L B,et al. Command forces:An extension of DIS virtual simulation [C]// Proceedings of the 11th workshop on standards for the interoperability of defense simulations,1994:113 - 117.

[45] SALISBURY M R,SEIDEL D W,BOOKER L B. A brief review of the Command Forces (CFOR)Program [C]// Proceedings of the 27th conference on Winter simulation,1995:626 - 633.

[46] HARTZOG S M,SALISBURY M R. Command forces(CFOR) program status report [C]// Proceedings of the Sixth Conference on Computer Generated Forces and Behavioral Representation,Orlando,Florida,1996:101 - 111.

[47] SWEETSER A,BARNES B,MELIM P,et al. Implementation of the Joint Analysis System on TOW to Enhance DoD Analysis Performance [C]//Proceedings of High Performance Computing Modernization Program Users Group Conference(HPCMP - UGC),2010 DoD,2010:327 - 332.

[48] MCNETT M D,PHELAN Jr R G,MCGINNIS M L. WARSIM 2000:Combining multiple expert opinions from subject matter experts to generate requirements for staff training at battalion level and above [C]// Proceedings of 1997 IEEE International Conference on Systems,Man,and Cybernetics,1997. Computational Cybernetics and Simulation,1997,2:1280 - 1284.

[49] FOSTER P. Cognitive Modeling of Doctrinal Behaviors in Automated Units:Application of Behavior Definition Frames in WARSIM 2000 [C]. In The Interservice/Industry Training,Simulation & Education Conference(I/ITSEC),2001.

[50] LACY L W,O'BRIEN L. Conceptual Models for WARSIM 2000 [C]. In The Interservice/Industry Training,Simulation & Education Conference(I/ITSEC),2009.

[51] 谭东风,张辉. 联合指挥控制系统(JC^2)的体系与能力[J]. 国防科技. 2006(10):31-33.

[52] 王小非. 美军指控系统发展及其对我海军舰载指控系统建设的启示[J]. 舰船电子工程,2010,30(5):1-5.

[53] SOKOLOWSKI J A,SNYDER D R. Combining Sensors and Simulation for Real Time Decision Support [C]. In The Interservice/Industry Training,Simulation & Education Conference(I/ITSEC),2006.

[54] TOLK A,TURNITSA C D,DIALLO S Y,et al. Composable M&S web services for netcentric applications [J]. The Journal of Defense Modeling and Simulation:Applications,Methodology,Technology,2006,3(1):27-44.

[55] ZHANG L,KRISTENSEN L M,JANCZURA C,et al. A coloured petri net based tool for course of action development and analysis [C]// Proceedings of the conference on Application and theory of petri nets:formal methods in software engineering and defence systems,2002,12:125-134.

[56] KRISTENSEN L M,MECHLENBORG P,ZHANG L,et al. Model-based development of a course of action scheduling tool [J]. International Journal on Software Tools for Technology Transfer,2008,10(1):5-14.

[57] KIDD M. Applying Bayesian belief networks as a tool for structuring and evaluating the planning of naval operations [J]. Military Operations Research,2002,7(4):25-34.

[58] FALZON L. Using Bayesian network analysis to support centre of gravity analysis in military planning [J]. European journal of operational research,2006,170(2):629-643.

[59] BIENVENU M P,WAGENHALS L W,SHIN I,et al. An Architecture for Decision Support in a Wargame [C]// Proceedings of the 6th International Command and Control Research and Technology Symposium,2001.

[60] ROSEN J A,SMITH W L. Influence Net Modeling for Strategic Planning:A Structured Approach to Information Operations [J]. Phalanx,2000,33(4):6-7,37-39.

[61] WAGENHALS L W,Levis A,HAIDER S. Planning,Execution,and Assessment of Effects-Based Operations(EBO)[R]. ADA451493,2006.

[62] LEMMER J F,GOSSINK D E. Recursive noisy OR-A rule for estimating complex probabilistic interactions [J]. IEEE Transactions on Systems,Man,and Cybernetics,Part B:Cybernetics,2004,34(6):2252-2261.

[63] SHACHTER R D. Evaluating influence diagrams [J]. Operations Research,1986,34(6):871-882.

[64] DAWID A P. Influence diagrams for causal modelling and inference [J]. International Statistical Review,2002,70(2):161-189.

[65] ZAIDI A K,MANSOOR F,PAPANTONI-KAZAKOS T P. Theory of Influence Networks [J]. Journal of Intelligent & Robotic Systems:Theory and Applications,2010,60(3/4):457-491.

[66] CHANG K C,LEHNER P E,LEVIS A H,et al. On Causal Influence Logic [R]. 1994.

[67] WAGENHALS L W,LEVIS A H. Modeling Support of Effects-Based Operations in War Games

[C]// Proceedings of 7th Command and Control Research and Development Symposium,2002.

[68] Pythia:Timed Influence Net Modeler [CP/OL]. http://sysarch.gmu.edu/main/software/.

[69] LEVIS A H. Time Sensitive Course of Action Development and Evaluation [C]// Proc. NATO HFM - 202 Symposium on Human Modeling for Military Applications,18 - 20 October 2010.

[70] HAIDER S. On finding effective courses of action in dynamic uncertain situations [D]. Virginia:George Mason University,2006.

[71] GILLIES D. Intersubjective probability and confirmation theory [J]. The British Journal for the Philosophy of Science. 1991,42(4):513 - 533.

[72] RAGSDALE D J,BUTLER C D,COX B A,et al. A fuzzy logic approach for intelligence analysis of actual and simulated military reconnaissance missions [C]// Proceedings of 1997 IEEE International Conference on Systems,Man,and Cybernetics,1997,3:2590 - 2595.

[73] 柯宏发,陈永光,胡利民,等. 电子装备试验不确定性信息处理技术[M]. 北京:国防工业出版社,2013.

[74] 姚雯. 飞行器总体不确定性多学科设计优化研究[D]. 长沙:国防科学技术大学,2011.

[75] SWILER L,GIUNTA A. Aleatory and epistemic uncertainty quantification for engineering applications [C]// Proceedings of the Joint Statistical Meetings, American Statistical Association,2007.

[76] Zadeh L A. The concept of a linguistic variable and its application to approximate reasoning - I [J]. Information Sciences,1975,8(3):199 - 249.

[77] ATANASSOV K. Intuitionistic fuzzy sets [J]. Fuzzy Sets and Systems,1986,20(1):87 - 96.

[78] 俞峰. 基于直觉区间值模糊理论的近似推理与多属性决策研究[D]. 南京:南京理工大学,2007.

[79] ATANASSOV K,GARGOV G. Interval valued intuitionistic fuzzy sets [J]. Fuzzy Sets and Systems,1989,31(3):343 - 349.

[80] GAU W - L,BUEHRER D J. Vague sets [J]. IEEE Transactions on Systems,Man and Cybernetics,1993,23(2):610 - 614.

[81] GROSOF B N,HORROCKS I,VOLZ R,et al. Description logic programs:combining logic programs with description logic [C]// Proceedings of the 12th International conference on World Wide Web. New York,NY,USA,2003:48 - 57.

[82] MCGUINNESS D L,VAN HARMELEN F,et al. OWL web ontology language overview [R]. W3C Recommendation,2004,10.

[83] HORROCKS I,PATEL S,F P. Reducing OWL entailment to description logic satisfiability [M] // Horrocks I,Patel S,F P. The Semantic Web - ISWC 2003. Berlin:Springer,2003:17 - 29.

[84] HORROCKS I. DAML + OIL:A Description Logic for the Semantic Web [J]. IEEE Data Engineering Bulletin,2002,25(1):4 - 9.

[85] HORROCKS I,SATTLER U,TOBIES S. Practical reasoning for expressive description logics [C]// Proceedings of the 6th International Conference on Logic for Programming and Auto-

mated Reasoning(LPAR'99),1999:161-180.

[86] YEN J. Generalizing term subsumption languages to fuzzy logic [C]// Proceedings of the 12th Int. Joint Conf. on Artificial Intelligence(IJCAI-91),1991:472-477.

[87] STRACCIA U. Reasoning within fuzzy description logics [J]. Journal of Artificial International Reasoning,2001,14:137-166.

[88] LI Y,XU B,LU J,et al. Extended fuzzy description logic ALCN [C]// Proceedings of Knowl-edgeBased Intelligent Information and Engineering Systems,2005:896-902.

[89] STOILOS G,STAMOU G,TZOUVARAS V, et al. A fuzzy description logic for multimedia knowledge representation [C]// Proc. of the International Workshop on Multimedia and the Semantic Web,2005:12-19.

[90] STOILOS G,STAMOU G,TZOUVARAS V,et al. The fuzzy description logic f-SHIN [C]// Proc. of the International Workshop on Uncertainty Reasoning for the Semantic Web,2005:67-76.

[91] STOILOS G,STAMOU G,TZOUVARAS V,et al. Fuzzy OWL:Uncertainty and the semantic web [C]// Proc. of the International Workshop on OWL:Experiences and Directions. 2005,280.

[92] STRACCIA U. A fuzzy description logic for the semantic web [J]. Capturing Intelligence, 2006,1:73-90.

[93] HÁJEK P. Making fuzzy description logic more general [J]. Fuzzy Sets Syst,2005,154(1):1-15.

[94] BOBILLO F,STRACCIA U. Reasoning with the finitely many-valued Lukasiewicz fuzzy Description Logic SROIQ [J]. Information Sciences,2011,181(4):758-778.

[95] STRACCIA U. Description Logics over Lattices [J]. International Journal of Uncertainty, Fuzziness and Knowledge-Based Systems,2006,14(1):1-16.

[96] JIANG Y C,TANG Y,WANG J,et al. Expressive fuzzy description logics over lattices [J]. Knowledge-Based Systems,2010,23(2):150-161.

[97] HENDRICKS V F,MALINOWSKI J. Substructural Logics and Residuated Lattices —an Introduction [J]. Trends in Logic,2003,20:177-212.

[98] ESTEVA F,GODO L,GARCÍA-CERDAÑA À. On the hierarchy of t-norm based residuated fuzzy logics [M]// Beyond two:theory and applications of multiple-valued logic. Heidelberg: Springer-Verlag,2003:251-272.

[99] BOU F,ESTEVA F,FONT J M,et al. Logics preserving degrees of truth from varieties of residuated lattices [J]. Journal of Logic and Computation,2009,19(6):1031-1069.

[100] BOU F,ESTEVA F,GODO L,et al. On the minimum many-valued modal logic over a finite residuated lattice [J]. Journal of Logic and Computation,2011,21(5):739-790.

[101] BORGWARDT S,PEÑALOZA R. Finite Lattices Do Not Make Reasoning in ALCI Harder [C]// URSW Workshop Proceedings,2011:51-62.

[102] BORGWARDT S,PEÑALOZA R. Description logics over lattices with multi-valued ontologies [C]// Proceedings of the Twenty-Second international joint conference on Artificial

Intelligence – Volume,2011,2:768 – 773.

[103] BORGWARDT S,PENALOZA R. Fuzzy ontologies over lattices with T – norms [C]// Proceedings of the 24th International Workshop on Description Logics(DL 2011), CEUR Electronic Workshop Proceedings(to appear,2011),2011:70 – 80.

[104] BORGWARDT S,PEÑALOZA R. A Tableau Algorithm for Fuzzy Description Logics over Residuated De Morgan Lattices [C]// Proceedings of the 6th International Conference on Web Reasoning and Rule Systems,2012:9 – 24.

[105] BELLMAN R E,ZADEH L A. Decision – making in a fuzzy environment [J]. Management Science,1970,17(4):B – 141 – B – 146.

[106] ZADEH L A. Fuzzy logic and approximate reasoning [J]. Synthese,1975,30(3/4):407 – 428.

[107] 王卫则. 不完全信息下的区间直觉模糊多属性决策方法研究[D]. 厦门:厦门大学,2009.

[108] 方志刚,许永平,王磊,等. 改进TOPSIS群决策方法及在舰船论证中的应用[J]. 火力与指挥控制,2011,36(3):131 – 134.

[109] WANG G J,LI X P. The applications of interval – valued fuzzy numbers and interval – distribution numbers [J]. Fuzzy Sets and Systems. 1998,98(3):331 – 335.

[110] CHANG S – C. Fuzzy production inventory for fuzzy product quantity with triangular fuzzy number [J]. Fuzzy Sets and Systems. 1999,107(1):37 – 57.

[111] ABBASBANDY S,ASADY B. The nearest trapezoidal fuzzy number to a fuzzy quantity [J]. Applied Mathematics and Computation,2004,156(2):381 – 386.

[112] ASADY B. The revised method of ranking LR fuzzy number based on deviation degree [J]. Expert Systems with Applications,2010,37(7):5056 – 5060.

[113] 周文坤. 一种不确定型多属性决策的组合方法[J]. 系统工程,2006,24(2):96 – 100.

[114] MENG F Y,ZHANG Q,CHENG H. Approaches to multiple – criteria group decision making based on interval – valued intuitionistic fuzzy Choquet integral with respect to the generalized λ – Shapley index [J]. Knowledge – Based Systems,2013,37:237 – 249.

[115] Zhang H M,Yu L Y. MADM method based on cross – entropy and extended TOPSIS with interval – valued intuitionistic fuzzy sets [J]. Knowledge – Based Systems,2012,30:115 – 120.

[116] YAGER R,FILEV D. Induced Ordered Weighted Averaging Operators [J]. IEEE Transactions on Systems,Man and Cybernetics B,1999,29(2):141 – 150.

[117] XU Z S. Intuitionistic fuzzy aggregation operators [J]. IEEE Transactions on Fuzzy Systems,2007,15:1179 – 1187.

[118] XU Z S,CHEN J. An approach to group decision making based on interval – valued intuitionistic judgment matrices [J]. System Engineer – Theory and Practice,2007,27(4):126 – 133.

[119] XU Z S. Methods for aggregating interval – valued intuitionistic fuzzy information and their application to decision making [J]. Kongzhi yu Juece/Control and Decision(Chinese),2007,22(2):215 – 219.

[120] XU Z S,CHEN J. On Geometric Aggregation over Interval – Valued Intuitionistic Fuzzy Infor-

mation [C]//Proc. of Fourth International Conference on Fuzzy Systems and Knowledge Discovery(FSKD 2007),2007,2:466 – 471.

[121] WEI G W,WANG X R. Some Geometric Aggregation Operators Based on IntervalValued Intuitionistic Fuzzy Sets and their Application to Group Decision Making [C]//Proc. of 2007 International Conference on Computational Intelligence and Security(CIS 2007),2007:495 – 499.

[122] XU Y J,WANG H M. The induced generalized aggregation operators for intuitionistic fuzzy sets and their application in group decision making [J]. Applied Soft Computing,2012,12(3):1168 – 1179.

[123] LI D F. Multi – attribute decision making models and methods using intuitionistic fuzzy sets [J]. Journal of Computer and System Sciences,2005,70:73 – 85.

[124] YE F. An extended TOPSIS method with interval – valued intuitionistic fuzzy numbers for virtual enterprise partner selection [J]. Expert Systems with Applications,2010,37(10):7050 – 7055.

[125] PARK J H,PARK I Y,KWUN Y C,et al. Extension of the TOPSIS method for decision making problems under interval – valued intuitionistic fuzzy environment [J]. Mathematical and Computer Modelling,2011,35(5):2544 – 2556.

[126] LI D – F. TOPSIS – based nonlinear – programming methodology for multiattribute decision making with interval – valued intuitionistic fuzzy sets [J]. IEEE Transactions on Fuzzy Systems,2010,18(2):299 – 311.

[127] XU Z S,CAI X Q. Nonlinear optimization models for multiple attribute group decision making with intuitionistic fuzzy information [J]. International Journal of Intelligent Systems,2010,25(6):489 – 513.

[128] PARK D G,KWUN Y C,PARK J H,et al. Correlation coefficient of interval – valued intuitionistic fuzzy sets and its application to multiple attribute group decision making problems [J]. Mathematical and Computer Modelling,2009,50(9/10):1279 – 1293.

[129] 修保新. C2 组织结构设计方法及其鲁棒性、适应性分析[D]. 长沙:国防科学技术大学,2006.

[130] 牟亮. 不确定使命环境下 C2 组织结构动态适应性优化方法研究[D]. 长沙:国防科学技术大学,2011.

[131] 王静,王岩. 模糊数学在武警军事决策中的应用[J]. 武警工程学院学报,2005,21(2):68 – 70.

[132] DoD Dictionary for Military and Associated Terms:JP 1 – 02[Z/OL]. http://www.dtic.mil/doctrine/new_pubs/ jp1_02. pdf.

[133] 石章松,董银文,王航宇. 从新版《军语》看指挥控制几个概念的变化[J]. 海军工程大学学报(综合版),2012,9(2):23 – 25.

[134] 张维明. 一体化联合作战导论[M]. 北京:军事科学出版社,2010.

[135] 杜正军. 对抗条件下作战行动序列规划问题建模与求解方法[D],长沙:国防科学技

术大学,2012.

[136] 刘建英,李小龙,王钦钊. 国外指挥控制建模研究现状及启示[J]. 电光与控制,2011, 18(4):56-60.

[137] 岳秀清,竹东,毛一凡. 联合作战仿真中的指挥控制建模研究[J]. 火力与指挥控制, 2010,35(9):167-170.

[138] 岳秀清,张磊,别晓峰. 外军指挥控制建模研究现状及启示[J]. 军事运筹与系统工程,2009,23(1):70-74.

[139] CALDER R,SMITH J,COURTEMANCHE A,et al. ModSAF behavior simulation and control[C]// Proceedings of the 3rd Conference on Computer Generated Forces and Behavioral Representation,1993:347-356.

[140] BIMSON K,MARSDEN C,MCKENZIE F,et al. Knowledge-based tactical decision making in the CCTT SAF prototype[C]// Proceedings of the Fourth Conference on Computer Generated Forces and Behavioral Representation,University of Central Florida,Orlando,FL, 1994:293-301.

[141] 胡晓峰,罗批,司光亚,等. 战争复杂系统建模与仿真[M]. 北京:国防大学出版社,2005.

[142] 黄柯棣,赵鑫业,杨山亮,等. 军事分析仿真评估系统关键技术综述[J]. 系统仿真学报,2012,24(12):2439-2447.

[143] CHAN W K V,SON Y-J,Macal C M. Agent-based simulation tutorial-simulation of emergent behavior and differences between agent-based simulation and discreteevent simulation[C]// Proceedings of the Winter Simulation Conference,2010:135-150.

[144] LIVET P,PHAN D,SANDERS L. Why do we need ontology for Agent-Based Models? [M]// Livet P,Phan D,Sanders L. Complexity and Artificial Markets. Berlin:Springer, 2008:133-145.

[145] 吴钊,项经猛. 一种面向对象的模糊知识库模型[J]. 计算机应用与软件,2005,22(1):22-23,120.

[146] 冯允成,杜端甫,邱菀华,等. 系统工程基础[M]. 北京:北京航空航天大学出版社,1994.

[147] 程启月. 作战指挥决策运筹分析[M]. 北京:军事科学出版社,2004.

[148] 马亚平. 作战模拟系统[M]. 北京:国防大学出版社,2005.

[149] 孙正. 联合战役决策支持系统[M]. 北京:国防大学出版社,2005.

[150] 吴小良,王凯. 基于多目标模糊决策模型的联合作战方案优选[J]. 装甲兵工程学院学报,2004,18(3):51-53.

[151] 况冰,谢高权. 基于多目标模糊决策模型的炮兵作战方案优选[C]// 第八届中国青年运筹信息管理学者大会论文集,2006:704-709.

[152] KANGAS A,LESKINEN P,Kangas J. Comparison of fuzzy and statistical approaches in multicriteria decisionmaking[J]. Forest Science,2007,53(1):37-44.

[153] Lukasiewicz T,Straccia U. Managing uncertainty and vagueness in description logics for the

semantic web [J]. Web Semantics:Science, Services and Agents on the World Wide Web, 2008,6(4):291-308.

[154] BOBILLO F, DELGADO M, GÓMEZ-ROMERO J, et al. Fuzzy description logics under GÖdel semantics [J]. International Journal of Approximate Reasoning,2009,50(3):494-514.

[155] BREHMER B. Command and control as design [C]// Proceedings of the 15th International Command and Control Research and Technology Symposium, Washington, DC, 2010.

[156] SALAS E, BURKE C S, SAMMAN S N. Understanding command and control teams operating in complex environments [J]. Information, Knowledge, Systems Management,2001,2(4):311-323.

[157] FERSON S, JOSLYN C A, HELTON J C, et al. Summary From the Epistemic Uncertainty Workshop:Consensus Amid Diversity [J]. Reliability Engineering and System Safety,2004, 85(1/3):355-369.

[158] PAN H P, LIU L. Fuzzy Bayesian networks:A general formalism for representation, inference and learning with hybrid Bayesian networks [J]. Int. J. Pattern Recogn. and Artificial Intelligence,2000,14(7):941-962.

[159] 金钊,马其东,李晓. 基于效果作战在军事领域的应用前景[J]. 国防科技,2008,29(6):15-19.

[160] DEPTULA D A. Effects-Based Operations:Change in the Nature of Warfare [R]. Aerospace Education Foundation, Arlington, VA,2001.

[161] BATSCHELET A W. Effects-based operations:A new Operational Model? [R]. U. S. Army War College,2002.

[162] SMITH E A. Effects Based Operations:Applying network centric warfare in peace, crisis, and war [R]. 2003.

[163] Deptula D A. 4.5 Deptula, David A. [J]. Ongerubriceerd. 2003.

[164] LINDSTRϕM B, HAIDER S. Equivalent coloured Petri net models of a class of timed influence nets with logic [C]// Third Workshop and Tutorial on Practical Use of Coloured Petri Nets and the CPN Tools, DAIMI PB-544. 2001:35-54.

[165] HAIDER S, LEVIS A. An approximation technique for belief revision in timed influence nets [C]. 2004 Command and Control Research and Technology Symposium, System Architeures Laboratory, George Uason University,2004.

[166] 罗旭辉. 作战行动过程效能建模与评估方法研究[D]. 长沙:国防科学技术大学,2012.

[167] 李敏勇,白剑新,王德石. 共享态势认识的效用[J],海军工程大学学报,2004,16(3):5-10.

[168] 高明霞,刘椿年. 扩展 OWL 处理模糊知识[J]. 北京工业大学学报,2006,32(7):653-660.

[169] FENSEL D, VAN HARMELEN F, HORROCKS I, et al. OIL:An ontology infrastructure for the semantic web [J]. IEEE Intelligent Systems,2001,16(2):38-45.

[170] HAY D C. Data model patterns:Conventions of Thought[M]. New York:Dorset House Publishing Co. ,Inc. ,2011.

[171] MOTIK B,SATTLER U,STUDER R. Query answering for OWL – DL with rules [C] // The Semantic Web – ISWC 2004:Third International Semantic Web Conference,Hiroshima,Japan,November 7 – 11,2004. Proceedings. Berin:Springer,2004:549 – 563.

[172] DE COOMAN G,KERRE E E. Order norms on bounded partially ordered sets [J]. The Journal of Fuzzy Mathematics,1994,2:281 – 310.

[173] GRÄTZER G A. General lattice theory [M]. Basel:Birkhäuser,2003.

[174] HÁJEK P. On witnessed models in fuzzy logic [J]. Mathematical Logic Quarterly,2007,53(1):66 – 77.

[175] BAADER F,PEÑALOZA R. Are fuzzy description logics with general concept inclusion axioms decidable? [C]// 2011 IEEE International Conference on Fuzzy Systems,2011:1735 – 1742.

[176] BOBILLO F,STRACCIA U. A fuzzy description logic with product T – norm [C]// IEEE International Conference on Fuzzy Systems,2007:1 – 6.

[177] STOILOS G,STAMOU G,PAN J,et al. Reasoning with very expressive fuzzy description logics [J]. Journal of Artificial Intelligence Research,2007,30(5):273 – 320.

[178] BOBILLO F,DELGADO M,GÓMEZ – ROMERO J. A crisp representation for fUzzy SHOIN with fuzzy nominals and general concept inclusions [C]// LNCS(LNAI),2008,5327:174 – 188.

[179] 王海龙,马宗民,严丽,等. 基于模糊描述逻辑 F – ALC(G)的模糊 OWL 扩展[J],东北大学学报(自然科学版),2009(11):1562 – 1565.

[180] 赵法信,马宗民,王海龙. 一种支持自定义模糊数据类型表示的模糊 OWL 扩展[J]. 计算机科学,2011,38(6):200 – 204.

[181] 李明泉. OWL 规则扩展及其推理的应用研究[D]. 天津:天津大学,2005.

[182] STOILOS G,STAMOU G,PAN J Z. Fuzzy extensions of OWL:Logical properties and reduction to fuzzy description logics [J]. International Journal of Approximate Reasoning,2010,51(6):656 – 679.

[183] STUDER R, BENJAMINS V, FENSEL D. Knowledge Engineering:Principles and Method [J]. Data and Knowledge Engineering,1998,25(1/2):161 – 197.

[184] TOLK A. Moving towards a Lingua Franca for M&S and C3I – Developments concerning the C2IEDM [C]// European Simulation Interoperability Workshop,2004:268 – 275.

[185] WARTIK S. A JC3IEDM OWL – DL Ontology[C] Proceedings of the 6th International Conference on OWL:Experiences and Directions,2009,529:248 – 251.

[186] ULICNY B,MATHEUS C,POWELL G,et al. Representability of METT – TC factors in JC3IEDM [R]. 2007.

[187] CHMIELEWSKI M,GALKA A. Automated mapping JC3IEDM data in tactical symbology standards for Common Operational Picture services [C]// Proceedings of the Military Communications and Information Systems Conference MCC,2009.

[188] WINTERS L,TOLK A. C2 domain ontology within our lifetime [R]. 2009.

[189] Wang H L,Ma Z,Yin J F. Fresg:A kind of fuzzy description logic reasoner [C]// Database and Expert Systems Applications,2009:443—450.

[190] 王海龙. 支持模糊数据类型表示的模糊描述逻辑研究[D]. 沈阳:东北大学,2009.

[191] BOBILLO F,DELGADO M,GÓMEZ - ROMERO J. DeLorean:A reasoner for fuzzy OWL 2 [J]. Expert Systems with Applications,2012,39(1):258 - 272.

[192] BOBILLO F,STRACCIA U. fuzzyDL:An expressive fuzzy description logic reasoner [C]// IEEE International Conference on Fuzzy Systems. (FUZZ - IEEE 2008),2008:923 - 930.

[193] STOILOS G,SIMOU N,STAMOU G,et al. Uncertainty and the semantic web [J]. Intelligent Systems,IEEE,2006,21(5):84 - 87.

[194] HAARSLEV V. RACER System Description [C]. Proceedings of Automated Reasoning (UCAR 2001). Siena,Italy:Springer - Verlag,2001:701.

[195] SIRIN E,PARSIA B,GRAU B,et al. Pellet:A practical OWL - DL reasoner [J]. Web Semantics:science,services and agents on the World Wide Web,2007,5(2):51 - 53.

[196] STOILOS G,STAMOU G,PAN J,et al. Reasoning with the Fuzzy Description Logic $f - SHIN$:Theory,Practice and Applications [C]// Uncertainty Reasoning for the Semantic Web I,2008:262 - 281.

[197] KLIR G,YUAN B. Fuzzy sets and fuzzy logic [M]. Englewood Cliffs,NJ:Prentice Hall New Jersey,1995.

[198] HORROCKS I,SATTLER U,TOBIES S. Reasoning with Individuals for the Description Logic $SHIQ$ [C] // Proc. of the 17th Int. Conf. on Automated Deduction(CADE 2000),2000:482 - 496.

[199] HORROCKS I,SATTLER U. A description logic with transitive and inverse roles and role hierarchies [J]. Journal of Logic and Computation,1999,9(3):385 - 410.

[200] 王海龙,马宗民,严丽,等. 支持模糊数据类型表示的模糊描述逻辑 $f - SHOIQ(G)$ [J]. 计算机学报,2009,32(8):1511 - 1524.

[201] Schulz S,Hahn U. Knowledge engineering by large - scale knowledge reuseexperience from the medical domain [C]// Principles of Knowledge Representation and Reasoning - International Conference,2000:601 - 610.

[202] TSARKOV D,HORROCKS I,PATEL - SCHNEIDER P. Optimizing terminological reasoning for expressive description logics [J]. Journal of Automated Reasoning,2007,39(3):277 - 316.

[203] SIRIN E,GRAU B,PARSIA B. From wine to water:Optimizing description logic reasoning for nominals [C]// Proc. of the 10th Int. Conf. on Principles of Knowledge Representation and Reasoning(KR 2006),2006:90 - 99.

[204] BAADER F,CALVANESE D,MCGUINNESS D,et al. The Description Logic Handbook:Theory,Implementation,and Applications [M]. New York:Cambridge University Press,2003:306 - 346.

[205] SIMOU N, MAILIS T, STOILOS G, et al. Optimization techniques for fuzzy description logics [C]// Proceedings of the international workshop on description logics(DL - 2010), 2010: 244 - 254.

[206] HAARSLEV V, PAI H - I, SHIRI N. Optimizing tableau reasoning in $\mathcal{ALC}$ extended with uncertainty [C]// Proceedings of the 2007 International Workshop on Description Logics(DL - 2007), 2007:307 - 314.

[207] HORROCKS I, HUSTADT U, SATTLER U, et al. Computational modal logic [C]// Proceeding of the 1998 Description Logic Workshop(DL'98), 1998:55 - 57.

[208] Baker A B. Eugene, OR, USA:. [s. n.], 1995.

[209] OPPACHER F, SUEN E. HARP: A tableau - based theorem prover [J]. Journal of Automated Reasoning, 1988, 4(1):69 - 100.

[210] HORROCKS I, HUSTADT U, SATTLER U, et al. Computational modal logic [M] // BLACKBURN P, VAN BENTHEM J, WOLTER F. Handbook of Modal Logic Amsterdam: Elsevier, 2006:181 - 245.

[211] GORÉ R, POSTNIECE L. An Experimental Evaluation of Global Caching for ALC(System Description)[C]// Lecture Notes in Computer Science. Automated Reasoning, 2008:299 - 305.

[212] GORÉ R, KUPKE C, PATTINSON D, et al. Global caching for coalgebraic description logics [C]// Lecture Notes in Computer Science. Automated Reasoning, 2010:46 - 60.

[213] HORROCKS I, PATEL - SCHNEIDER P. Optimizing description logic subsumption [J]. Journal of Logic and Computation, 1999, 9(3):267 - 293.

[214] TSARKOV D, HORROCKS I. Ordering heuristics for description logic reasoning [C]// IJ-CAI International Joint Conference on Artificial Intelligence, 2005:609 - 614.

[215] HORROCKS I, PATEL - SCHNEIDER P F, BOLEY H, et al. SWRL: A semantic web rule language combining OWL and RuleML[EB/OL]. (2004 - 05 - 21)[2022 - 12 - 11]. https://www.w3.org/Submission/SWRL/.

[216] O'CONNOR M, KNUBLAUCH H, TU S, et al. Supporting rule system interoperability on the semantic web with SWRL [C] // Lecture Notes in Computer Science, 2005:974 - 986.

[217] BENER A B, OZADALI V, ILHAN E S. Semantic matchmaker with precondition and effect matching using SWRL [J]. Expert Systems with Applications, 2009, 36(5):9371 - 9377.

[218] FRIEDMAN - HILL E. Jess, the expert system shell for the java platform v6.1[Z]. Sandia National Laboratories, 2003.

[219] YANG S J, ZHANG J, CHEN I Y. A JESS - enabled context elicitation system for providing context - aware Web services [J]. Expert Systems with Applications, 2008, 34(4):2254 - 2266.

[220] WANG E, KIM Y S. A teaching strategies engine using translation from SWRL to Jess [C]// Lecture Notes in Computer Science. Intelligent Tutoring Systems. 2006:51 - 60.

[221] 王欢. 基于本体和SWRL的空间关系推理的设计与实现[D]. 西安:陕西师范大学, 2007.

[222] 吴沁奕, 陈英, 吴鹤龄. 新一代专家系统工具:基于Java的Jess[EB/OL]. (2005 - 01 -

29)[2022-12-17]. https://blog.csdn.net/weixin_30413739/article/details/98908223.

[223] WANG E, KASHANI L, KIM Y S. Teaching strategies ontology using SWRL rules[J]. Towards sustainable and scalable educational innovations informed by the learning sciences, 2005:530-537.

[224] 聂规划,罗迹,陈冬林. 电子目录的SWRL规则研究[J]. 计算机工程与应用. 2011,47(7):57-60.

[225] 赵鑫业. HLA仿真成员动态规划方法及其工具研究[D]. 长沙:国防科学技术大学,2009.

[226] Simulation Interoperability Standards Organization(SISO): Base Object Model(BOM) Template Specification: SISO-STD-003-2006[S]. SISO,2006.

[227] Guide for Base Object Model(BOM) Use and Implementation: SISO-STD-003.1-2006[S]. SISO,2006.

[228] DAVIS P K, ANDERSON R H. Improving the composability of DoD models and simulations[J]. The Journal of Defense Modeling and Simulation: Applications, Methodology, Technology,2004,1(1):5-17.

[229] BRUTZMAN D P, TOLK A. JSB composability and web services interoperability via extensible modeling and simulation framework(XMSF) and model driven architecture(MDA)[C]// Defense and Security. 2004:310-319.

[230] 龚建兴,钟蔚,黄健,等. 基本对象模型(BOM)在HLA仿真系统中的应用[J]. 系统仿真学报,2008(增刊2):327-331,336.

[231] 钟荣华. 组件式仿真模型自动生成方法及其工具研究[D]. 长沙:国防科学技术大学,2009.

[232] 龚建兴. 基于BOM的可扩展仿真系统框架研究[D]. 长沙:国防科学技术大学,2007.

[233] MORADI F, AYANI R, MOKARIZADEH S, et al. A rule-based semantic matching of base object models[J]. International Journal of Simulation and Process Modelling,2009,5(2):132-145.

[234] Moradi F, Nordvaller P, Ayani R. Simulation model composition using BOMs[C]// Proceedings of 10th IEEE International Symposium on Distributed Simulation and Real-Time Applications(DS-RT'06),2006:242-249.

[235] REICHENTHAL S W. The Simulation Reference Markup Language(SRML): a foundation for representing BOMs and supporting reuse[C]// Proceedings of Fall 2002 Simulation Interoperability Workshop,2002:285-290.

[236] MAHMOOD I, AYANI R, VLASSOV V, et al. Statemachine Matching in BOM based model Composition[C]// Proceedings of the 13th IEEE/ACM International Symposium on Distributed Simulation and Real Time Applications(DS-RT'09),2009:136-143.

[237] Moradi F, Ayani R, Mokarizadeh S, et al. A rule-based approach to syntactic and semantic composition of BOMs[C]// Proceedings of the 11th IEEE International Symposium Distributed Simulation and Real-Time Applications(DS-RT 2007),2007:145-155.

[238] SVEE E-O, ZDRAVKOVIC J, MOJTAHED V. Semantic Enhancements when Designing a BOM-based Conceptual Model Repository [C]// Proceedings of the 2010 International Simulation Multi-Conference, 2010:91-102.

[239] Mojtahed V, Andersson B, Kabilan V, et al. BOM++, a semantically enriched BOM [C]// In Spring Simulation Interoperability Workshop. 2008.

[240] 曹文君. 知识库系统原理及其应用[M]. 上海:复旦大学出版社,1995.

[241] 刘有才,刘增良. 模糊专家系统原理与设计[M]. 北京:北京航空航天大学出版社,1995:53-64.

[242] 淮晓永,熊范纶. 一个智能型模糊专家系统开发工具——IFEST[J]. 模式识别与人工智能,2000,13(4):456-461.

[243] TOLK A, DIALLO S Y. Model-based data engineering for web services [J]. Internet Computing, IEEE. 2005,9(4):65-70.

[244] 张红兵,赵杰煜,罗雪山. 结合模糊逻辑的贝叶斯网络在态势评估中的应用[J]. 计算机应用研究,2004(7):167-170.

[245] 苏羽,赵海,苏威积,等. 基于模糊专家系统的评估诊断方法[J]. 东北大学学报(自然科学版),2004,25(7):653-656.

[246] Huang Y-C, Yang H-T, Huang C-L. Developing anew transformer fault diagnosis system through evolutionary fuzzy logic [J]. IEEE Transactions on Power Delivery,1997,12(2):761-767.

[247] 雷英杰. 基于直觉模糊推理的态势与威胁评估研究[D]. 西安:西安电子科技大学,2005.

[248] WAGENHALS L W, LEVIS A H. Course of action analysis in a cultural landscape using influence nets [C]// Proceedings of the 2007 IEEE Symposium on Computational Intelligence in Security and Defense Applications,2007:116-123.

[249] 朱延广. 基于随机时间影响网络的联合火力打击方案优化问题研究[D]. 长沙:国防科学技术大学,2011.

[250] WEI G W. Some arithmetic aggregation operators with intuitionistic trapezoidal fuzzy numbers and their application to group decision making [J]. Journal of Computers,2010,5(3):345-351.

[251] 吕丹,童创明,钟卫军. 基于粒子群和模拟退火算法的混合算法研究[J]. 计算机工程与设计,2011,32(2):663-666.

[252] 唐贤伦. 混沌粒子群优化算法理论及应用研究[D]. 重庆:重庆大学,2007.

[253] HAIDER S, LEVIS A H. Finding Effective Coruses of Action using Particle Swarm Intelligence [C]// Proceedings of IEEE World Congress on Computational Intelligence. Hong Kong,2008:1135-1140.

[254] 肖凡,刘忠,黄金才. 作战方案效能评估指标研究[J]. 军事运筹与系统工程,2006,20(2):41-45.

[255] 王稳平,张伟华,孙鹏,等. 基于ANP法的TIDS作战效能评估[J]. 计算机工程与设

计,2012,33(11):4176-4181.

[256] 汪彦明,徐培德. ANP 的指挥控制系统作战效能评估 J]. 火力与指挥控制,2007,32(11):78-80.

[257] 张云江. 基于 ANP 的废弃混凝土再生利用配送中心选址研究 J]. 四川建筑,2011,31(1):18-19,21.

[258] OPRICOVIC S,TZENG G. Compromise solution by MCDM methods:A comparative analysis of VIKOR and TOPSIS [J]. European Journal of Operational Research,2004,156:445-455.

[259] OPRICOVIC S,TZENG G. Multicriteria planning of post-earthquake sustainable reconstruction [J]. Computer-Aided Civil and Infrastructure Engineering,2002,17(3):211-220.

[260] CHIANG Z. Developing an online financial decision support module based on fuzzy mcdm method and open source tools [C]// Proceedings of the International Conference on Information and Financial Engineering,2009:22-26.

[261] OPRICOVIC S. Multi-criteria optimization of civil engineering systems [D]. Belgrade:University of Belgrade,1998.

[262] 黄武超,陈小银. 基于 ANP 的舰空导弹作战效能指标权重确定方法研究[J]. 舰船电子工程,2011,31(1):27-31.

[263] SAATY T L. Decision making,scaling,and number crunching [J]. Decision Science,1989,20(2):404-409.

[264] 李君,黄绍服. 基于模糊网络分析法的供应商评价研究 J]. 煤矿机械,2009,30(7):219-221.

[265] CHEN S J,HWANG C L. Fuzzy Multiple Attribute Decision Making:Methods and Applications[M]. Berlin:Springer-Verlag,1992.

[266] 林晓华,冯毅雄,谭建荣,等. 基于改进 DEMATEL-VIKOR 混合模型的产品概念方案评价[J]. 计算机集成制造系统,2012,17(12):2552-2561.

[267] 克劳塞维茨. 战争论[M]. 李传训,译. 北京:北京出版社,2007.

[268] 王坚强,张忠. 基于直觉梯形模糊数的信息不完全确定的多准则决策方法[J]. 控制与决策,2009,24(2):226-230.

[269] WANG J Q,ZHANG Z. Aggregation operators on intuitionistic trapezoidal fuzzy number and its application to multi-criteria decision making problems [J]. Systems Engineering and Electronics,2009,20(2):321-326.

[270] ZHAO X,JU R,YANG S,et al. Some Intuitionistic Trapezoidal Fuzzy Information Aggregation Using Einstein Operations [C]//Proceedings of the 10th International Conference on Fuzzy Systems and Knowledge Discovery. Shenyang,China,July 23-25,2013.

[271] WANG J Q,ZHANG Z. Multi-criteria decision-making method with incomplete certain information based on intuitionistic fuzzy number [J]. Control Decision,2009,24:226-230.

[272] WU J,CAO Q W. Same families of geometric aggregation operators with intuition-istic trapezoidal fuzzy numbers [J]. Applied Mathematical Modelling,2013,37:318-327.

[273] XU Z S,YAGER R. Some geometric aggregation operators based on intuitionistic fuzzy sets

[J]. International Journal of General Systems,2006,35:417-433.

[274] NAYAGAM V L G, SIVARAMAN G. Ranking of interval-valued intuitionistic fuzzy sets [J]. Applied Soft Computing,2011,11(4):3368-3372.

[275] XU Z S, DA Q L. An overview of operators for aggregating information [J]. International Journal of Intelligent Systems,2003,18:953-969.

[276] LIU X,ZHANG S. Entropy and subsethood for general interval-valued intuitionistic fuzzy sets [J]. FSKD 2005. 2005,LNAI 3613:42-52.

[277] SHANG X-G,JIANG W-S. A note on fuzzy information measures [J]. Pattern Recognition Letter. 1997,18:425-432.

[278] YE J. Fuzzy cross entropy of interval-valued intuitionistic fuzzy sets and its optimal decision-making method based on the weights of alternatives [J]. Expert Systems with Applications. 2011,38(5):6179-6183.

[279] Ye J. Multicriteria fuzzy decision-making method based on the intuitionistic fuzzy cross-entropy [C]// Proceedings of the International Conference on Intelligent Human-Machine Systems and Cybernetics,2009,1:59-61.

附录 A 基础理论

A.1 Tableau 扩展规则表

规则描述如表 A.1 所示。其中，R^* 表示角色 R 或 $\text{Inv}(R)$，$\langle *,\bowtie,\ell \rangle$ 表示参与三元组的角色。

表 A.1 规则描述

规则	描述
$(\neg \bowtie)$	**if** $\langle \neg C, \bowtie, l \rangle \in \Sigma(x)$ **and** $\langle C, \bowtie^-, \sim \ell \rangle \notin \Sigma(x)$, **then** $\Sigma(x) \rightarrow \Sigma(x) \cup \langle C, \bowtie^-, \sim \ell \rangle$
$(\sqcap_\triangleright)$	**if** $\langle C_1 \sqcap C_2, \triangleright, \ell \rangle \in \Sigma(x)$ x is not indirectly blocked, **and** $\{\langle C_1, \triangleright, \ell \rangle, \langle C_2, \triangleright, \ell \rangle\} \not\subseteq \Sigma(x)$, **then** $\Sigma(x) \rightarrow \Sigma(x) \cup \{\langle C_1, \triangleright, \ell \rangle, \langle C_2, \triangleright, \ell \rangle\}$
$(\sqcup_\triangleleft)$	**if** $\langle C_1 \sqcup C_2, \triangleleft, \ell \rangle \in \Sigma(x)$ x is not indirectly blocked, **and** $\{\langle C_1, \triangleleft, \ell \rangle, \langle C_2, \triangleleft, \ell \rangle\} \not\subseteq \Sigma(x)$, **then** $\Sigma(x) \rightarrow \Sigma(x) \cup \{\langle C_1, \triangleleft, \ell \rangle, \langle C_2, \triangleleft, \ell \rangle\}$
$(\sqcup_\triangleright)$	**if** $\langle C_1 \sqcup C_2, \triangleright, \ell \rangle \in \Sigma(x)$ x is not indirectly blocked, **and** $\{\langle C_1, \triangleright, l \rangle, \langle C_2, \triangleright, \ell \rangle\} \cap \Sigma(x) = \emptyset$, **then** $\Sigma(x) \rightarrow \Sigma(x) \cup \{C\}$ for some $C \in \{\langle C_1, \triangleright, \ell \rangle, \langle C_2, \triangleright, \ell \rangle\}$
$(\sqcap_\triangleleft)$	**if** $\langle C_1 \sqcup C_2, \triangleleft, \ell \rangle \in \Sigma(x)$ x is not indirectly blocked, **and** $\{\langle C_1, \triangleleft, l \rangle, \langle C_2, \triangleleft, \ell \rangle\} \cap \Sigma(x) = \emptyset$, **then** $\Sigma(x) \rightarrow \Sigma(x) \cup \{C\}$ for some $C \in \{\langle C_1, \triangleleft, \ell \rangle, \langle C_2, \triangleleft, \ell \rangle\}$
$(\exists_\triangleright)$	**if** $\langle \exists R.C, \triangleright, \ell \rangle \in \Sigma(x)$ x is not blocked, **and** x has no R-neighbour y connected with a triple $\langle P^*, \triangleright, \ell \rangle, P \sqsubseteq^* R$ and $\langle C, \triangleright, \ell \rangle \in \Sigma(y)$ **then** create a new node y with $\Sigma(\langle x, y \rangle) = \{\langle R, \triangleright, \ell \rangle\}, \Sigma(y) = \{\langle C, \triangleright, \ell \rangle\}$
$(\forall_\triangleleft)$	**if** $\langle \forall R.C, \triangleleft, \ell \rangle \in \Sigma(x)$ x is not blocked, **and** x has no R-neighbour y connected with a triple $\langle P^*, \triangleleft^-, \sim \ell \rangle, P \sqsubseteq^* R$ and $\langle C, \triangleleft, \ell \rangle \in \Sigma(y)$ **then** create a new node y with $\Sigma(\langle x, y \rangle) = \{\langle R, \triangleleft^-, \sim \ell \rangle\}, \Sigma(y) = \{\langle C, \triangleleft, \ell \rangle\}$
$(\forall_\triangleright)$	**if** $\langle \forall R.C, \triangleright, \ell \rangle \in \Sigma(x)$ x is not indirectly blocked, **and** x has an R-neighbour y with $\langle C, \triangleright, \ell \rangle \notin \Sigma(y)$ **and** $\langle *, \triangleright^-, \sim \ell \rangle$ is conjugated with the positive triple that connects x and y, **then** $\Sigma(y) \rightarrow \Sigma(y) \cup \langle C, \triangleright, \ell \rangle$
$(\exists_\triangleleft)$	**if** $\langle \exists R.C, \triangleleft, l \rangle \in \Sigma(x)$ x is not indirectly blocked, **and** x has an R-neighbour y with $\langle C, \triangleright, \ell \rangle \notin \Sigma(y)$ **and** $\langle *, \triangleleft, \ell \rangle$ is conjugated with the positive triple that connects x and y, **then** $\Sigma(y) \rightarrow \Sigma(y) \cup \langle C, \triangleleft, \ell \rangle$

续表

规则	描述
$(\forall_+)$	if $\langle \forall R.C, \rightarrow, \ell \rangle \in \Sigma(x)$ x is not indirectly blocked, x has a P-neighbour y with, $\langle C, \rhd, \ell \rangle \notin \Sigma(y)$, and there is some P, with Trans(P), and $P \sqsubseteq^* R$, $\langle \forall P.C, \rhd, \ell \rangle \notin \Sigma(y)$ and $\langle *, \rhd^-, \sim \ell \rangle$ is conjugated with the positive triple that connects x and y, then $\Sigma(y) \rightarrow \Sigma(y) \cup \langle \forall P.C, \rhd, l \rangle$
$(\exists_+)$	if $\langle \exists R.C, \lhd, \ell \rangle \in \Sigma(x)$ x is not indirectly blocked, x has a P-neighbour y with, $\langle C, \rhd, \ell \rangle \notin \Sigma(y)$, and there is some P, with Trans(P), and $P \sqsubseteq^* R$, $\langle \exists P.C, \lhd, \ell \rangle \notin \Sigma(y)$ and $\langle *, \lhd, \sim \ell \rangle$ is conjugated with the positive triple that connects x and y, then $\Sigma(y) \rightarrow \Sigma(y) \cup \langle \exists P.C, \lhd, \ell \rangle$
$(\geqslant_\rhd)$	if $\langle \geqslant p.R, \rhd, l \rangle \in \Sigma(x)$ x is not blocked, and there are no p R-neighbours $y_i, \cdots, \ell_p$, connected to x with a triple $\langle \exists P^*, \rhd, l \rangle \notin \Sigma(y)$, $P \sqsubseteq^* R$, and $y_i \neq y_j$ for $1 \leqslant i \leqslant j \leqslant p$, then create p new nodes $y_1, \cdots, \ell_p$, with $\Sigma(\langle x, y_i \rangle) = \{\langle R, \rhd, \ell \rangle\}$ and $y_i \neq y_j$ for $1 \leqslant i \leqslant j \leqslant p$
$(\leqslant_\lhd)$	if $\langle \leqslant p.R, \lhd, \ell \rangle \in \Sigma(x)$ x is not blocked, then apply $(\exists_+)$ rule for the triple $\langle \geqslant (p+1)R, \lhd^-, \sim \ell \rangle$
$(\leqslant_\lhd)$	if $\langle \leqslant p.R, \lhd, \ell \rangle \in \Sigma(x)$ x is not blocked, then apply $(\exists_+)$ rule for the triple $\langle \geqslant (p+1)R, \lhd^-, \sim \ell \rangle$
$(\leqslant_\rhd)$	if $\langle \leqslant p.R, \rhd, l \rangle \in \Sigma(x)$ x is not indirectly blocked, and there are $p+1$ R-neighbours $y_1, \cdots, y_{p+1}$ connected to x with a triple $\langle P^*, \rhd', \sim \ell_i \rangle$, $P \sqsubseteq^* R$, and which is conjugated with $\langle P^*, \rhd^-, \sim \sim \ell \rangle$, and there are two of them y, z, with no $y \neq z$, and y is neither a root node nor an ancestor of z, then $\Sigma(z) \rightarrow \Sigma(z) \cup \Sigma(y)$, and if z is an ancestor of x, then $\Sigma(\langle z, x \rangle) \rightarrow \Sigma(\langle z, x \rangle) \cup \text{Inv}(\Sigma(\langle x, y \rangle))$ else $\Sigma(\langle x, z \rangle) \rightarrow \Sigma(\langle x, z \rangle) \cup \Sigma(\langle x, y \rangle)$, and $\Sigma(\langle x, y \rangle) \rightarrow \emptyset$, and Set $u \neq z$ for $\forall u$ with $u \neq y$
$(\geqslant_\lhd)$	if $\langle \geqslant p.R, \lhd, \ell \rangle \in \Sigma(x)$, x is not indirectly blocked, then apply $(\leqslant_\rhd)$ rule for the triple $\langle \leqslant (p-1)R, \lhd^-, \sim \ell \rangle$
$(\leqslant r_\rhd)$	if $\langle \leqslant p.R, \rhd, \ell \rangle \in \Sigma(x)$, and there are $p+1$ R-neighbours $y_1, \cdots, y_{p+1}$ connected to x with a triple $\langle P^*, \rhd', \sim \ell_i \rangle$, $P \sqsubseteq^* R$, and conjugated with $\langle P^*, \rhd^-, \sim \ell \rangle$, and there are two of them y, z, both root nodes, with no $y \neq z$, then $\Sigma(z) \rightarrow \Sigma(z) \cup \Sigma(y)$, and For all edges $\langle y, w \rangle$: (1) if the edge $\langle z, w \rangle$ does not exist, create it with $\Sigma(\langle z, w \rangle) \rightarrow \emptyset$; (2) $\Sigma(\langle z, w \rangle) \rightarrow \Sigma(\langle z, w \rangle) \cup \Sigma(\langle y, w \rangle)$, and For all edges $\langle w, y \rangle$: (1) if the edge $\langle w, z \rangle$ does not exist, create it with $\Sigma(\langle w, z \rangle) \rightarrow \emptyset$; (2) $\Sigma(\langle w, z \rangle) \rightarrow \Sigma(\langle w, z \rangle) \cup \Sigma(\langle w, y \rangle)$ and Set $\Sigma(y) = \emptyset$, and remove all edges to/from y, and Set $u \neq z$ for $\forall u$ with $u \neq y$ and set $y = z$
$(\geqslant r_\lhd)$	$\langle \geqslant p.R, \lhd, \ell \rangle \in \Sigma(x)$, then apply $(\leqslant r_\rhd)$ rule for the triple $\langle \leqslant (p-1)R, \lhd^-, \sim \ell \rangle$

A.2 直觉梯度模糊集基本理论

Zadeh 提出的模糊理论发展至今已 30 余年,应用的范围非常广泛。Atanassov

直觉模糊集合是对 Zadeh 模糊集理论最有影响的一种扩充和发展,把仅考虑隶属度推广到同时考虑隶属度、非隶属度和犹豫度的直觉模糊集,可以更加细腻地描述客观世界的模糊本质。直觉梯形模糊数从另一个角度对直觉模糊集进行扩展,使隶属度和非隶属度对应于该梯形模糊数,并可以表达不同量纲的决策信息[268]。假设模糊数 $\tilde{x} = ([4,5,7,8];0.7,0.2)$,那么当 $x = 5$ 时,它是模糊数 $\tilde{x}$ 的隶属度为 0.7,非隶属度为 0.2,犹豫度为 0.1。

A.2.1 直觉梯度模糊数

定义 A.1:X 是一个有限的非空集。X 上的一个直觉模糊集 $\tilde{A}$ 如下定义[77,79]:

$$\tilde{A} = \{(x,\mu_{\tilde{A}}(x),V_{\tilde{A}}(x))|x \in X\} \quad (A.1)$$

式中:$\mu_{\tilde{A}}:X \to [0,1]$,$x \in X$,$\mu_{\tilde{A}} \in [0,1]$,$\nu_{\tilde{A}}:X \to [0,1]$,$x \in X$,$\nu_{\tilde{A}} \in [0,1]$ 满足 $0 \leq \mu_{\tilde{A}}(X) + \nu_{\tilde{A}}(X) \leq 1$。$\mu_{\tilde{A}}(X)$ 与 $\nu_{\tilde{A}}(X)$ 表示元素 x 对于集合 $\tilde{A}$ 的隶属度和非隶属度。$\pi_{\tilde{A}}(x) = 1 - \mu_{\tilde{A}}(x) - \nu_{\tilde{A}}(x)$ 表示元素 x 对于集合 $\tilde{A}$ 的犹豫度。

直觉梯度模糊数(Intuitionistic Trapezoidal Fuzzy Number,ITFN)是 IFS 在实数集上的一种特殊形式。作为 IFS 概念的一种扩展,ITFN 定义如下。

定义 A.2[269]:$\tilde{\alpha}$ 是一个 ITFN,其隶属度函数为

$$\mu_{\tilde{\alpha}}(x) = \begin{cases} \dfrac{x-a}{b-d}\mu_{\tilde{\alpha}}, & a \leq x < b \\ \mu_{\tilde{\alpha}}, & b \leq x \leq c \\ \dfrac{d-x}{d-c}\mu_{\tilde{\alpha}}, & c < x \leq d \\ 0, & \text{其他} \end{cases} \quad (A.2)$$

其非隶属度函数为

$$\nu_{\tilde{\alpha}}(x) = \begin{cases} \dfrac{b-x+\nu_{\tilde{\alpha}}(x-a_1)}{b-a_1}, & a_1 \leq x < b \\ \nu_{\tilde{\alpha}}, & b \leq x \leq c \\ \dfrac{x-c+\nu_{\tilde{\alpha}}(d_1-x)}{d_1-c}, & c < x \leq d_1 \\ 0, & \text{其他} \end{cases} \quad (A.3)$$

式中:$0 \leq \mu_{\tilde{\alpha}} \leq 1$;$0 \leq \nu_{\tilde{\alpha}} \leq 1$;$\mu_{\tilde{\alpha}} + \nu_{\tilde{\alpha}} \leq 1$;$a,b,c,d \in \mathbb{R}$,$\tilde{\alpha} = \langle([a,b,c,d];\mu_{\tilde{\alpha}}), ([a_1,b,c,d_1];\nu_{\tilde{\alpha}})\rangle$ 称为 ITFN。通常当 ITFNα 中的 $[a,b,c,d] = [a_1,b,c,d_1]$ 时,$\tilde{\alpha}$ 表示为 $\tilde{\alpha} = \langle([a,b,c,d];\mu_{\tilde{\alpha}},\nu_{\tilde{\alpha}})\rangle$。

A.2.2 直觉梯度模糊数的基本运算

本书采用 Einstein 算子[270]进行 ITFN 的基本运算。

定义 A.3: $\widetilde{\alpha}_1 = ([a_1,b_1,c_1,d_1]; \mu_{\widetilde{\alpha}_1}, \nu_{\widetilde{\alpha}_1})$ 与 $\widetilde{\alpha}_2 = ([a_2,b_2,c_2,d_2]; \mu_{\widetilde{\alpha}_2}, \nu_{\widetilde{\alpha}_2})$ 是两个 ITFNs，且 $\lambda \geqslant 0$，那么

$$\widetilde{\alpha}_1 \oplus_\varepsilon \widetilde{\alpha}_2 = \left([a_1+a_2, b_1+b_2, c_1+c_2, d_1+d_2]; \frac{\mu_{\widetilde{\alpha}_1}+\mu_{\widetilde{\alpha}_2}}{1+\mu_{\widetilde{\alpha}_1}\mu_{\widetilde{\alpha}_2}}, \frac{\nu_{\widetilde{\alpha}_1}\nu_{\widetilde{\alpha}_2}}{1+(1-\nu_{\widetilde{\alpha}_1})(1-\nu_{\widetilde{\alpha}_2})}\right) \tag{A.4}$$

$$\widetilde{\alpha}_1 \otimes_\varepsilon \widetilde{\alpha}_2 = \left([a_1a_2, b_1b_2, c_1c_2, d_1d_2]; \frac{\mu_{\widetilde{\alpha}_1}\mu_{\widetilde{\alpha}_2}}{1+(1-\mu_{\widetilde{\alpha}_1})(1-\mu_{\widetilde{\alpha}_2})}, \frac{\nu_{\widetilde{\alpha}_1}+\nu_{\widetilde{\alpha}_2}}{1+\nu_{\widetilde{\alpha}_1}\nu_{\widetilde{\alpha}_2}}\right) \tag{A.5}$$

$$\lambda\widetilde{\alpha}_1 = \left([\lambda a, \lambda b, \lambda c, \lambda d]; \frac{(1+\mu_{\widetilde{\alpha}_1}^\lambda)-(1-\mu_{\widetilde{\alpha}_1}^\lambda)}{(1+\mu_{\widetilde{\alpha}_1}^\lambda)+(1-\mu_{\widetilde{\alpha}_1}^\lambda)}, \frac{2\nu_{\widetilde{\alpha}_1}^\lambda}{(2-\nu_{\widetilde{\alpha}_1})^\lambda+\nu_{\widetilde{\alpha}_1}^\lambda}\right) \tag{A.6}$$

$$\widetilde{\alpha}_1^\lambda = \left([a^\lambda, b^\lambda, c^\lambda, d^\lambda]; \frac{2\mu_{\widetilde{\alpha}_1}^\lambda}{(2-\mu_{\widetilde{\alpha}_1})^\lambda+\mu_{\widetilde{\alpha}_1}^\lambda}, \frac{(1+\nu_{\widetilde{\alpha}_1}^\lambda)-(1-\nu_{\widetilde{\alpha}_1}^\lambda)}{(1+\nu_{\widetilde{\alpha}_1}^\lambda)+(1-\nu_{\widetilde{\alpha}_1}^\lambda)}\right) \tag{A.7}$$

定义 A.4: $\widetilde{\alpha}_1 = ([a_1,b_1,c_1,d_1]; \mu_{\widetilde{\alpha}_1}, \nu_{\widetilde{\alpha}_1})$ 与 $\widetilde{\alpha}_2 = ([a_2,b_2,c_2,d_2]; \mu_{\widetilde{\alpha}_2}, \nu_{\widetilde{\alpha}_2})$ 是两个 ITFNs，且 $\lambda \geqslant 0$，那么 $\widetilde{\alpha}_1$ 和 $\widetilde{\alpha}_2$ 之间的归一化 Hamming 距离定义如下[271]：

$$d(\widetilde{\alpha}_1, \widetilde{\alpha}_2) = \frac{1}{8}(|(1+\mu_{\widetilde{\alpha}_1}-\nu_{\widetilde{\alpha}_1})a_1 - (1+\mu_{\widetilde{\alpha}_2}-\nu_{\widetilde{\alpha}_2})a_2| +$$
$$|(1+\mu_{\widetilde{\alpha}_1}-\nu_{\widetilde{\alpha}_1})b_1 - (1+\mu_{\widetilde{\alpha}_2}-\nu_{\widetilde{\alpha}_2})b_2| + |(1+\mu_{\widetilde{\alpha}_1}-\nu_{\widetilde{\alpha}_1})c_1 - (1+\mu_{\widetilde{\alpha}_2}-\nu_{\widetilde{\alpha}_2})c_2| +$$
$$|(1+\mu_{\widetilde{\alpha}_1}-\nu_{\widetilde{\alpha}_1})d_1 - (1+\mu_{\widetilde{\alpha}_2}-\nu_{\widetilde{\alpha}_2})d_2|) \tag{A.8}$$

定义 A.5: 对于一个归一化的直觉梯形模糊矩阵 $\widetilde{R} = (\widetilde{r}_{ij})_{m \times n} = ([a_{ij}, b_{ij}, c_{ij}, d_{ij}]; \mu_{\widetilde{\alpha}_{ij}}, \nu_{\widetilde{\alpha}_{ij}})_{m \times n}$，其中 $0 \leqslant a_{ij} \leqslant b_{ij} \leqslant c_{ij} \leqslant d_{ij} \leqslant 1, 0 \leqslant \mu_{ij} \leqslant 1, 0 \leqslant \nu_{ij} \leqslant 1, 0 \leqslant \mu_{ij}+\nu_{ij} \leqslant 1$，直觉梯形模糊最优解（Positive Ideal Solution，PIS）$\widetilde{r}^+$ 与直觉梯形模糊最差解（Negative Ideal Solution，NIS）$\widetilde{r}^-$ 被定义如下[272]：

$$\widetilde{r}^+ = ([a^+, b^+, c^+, d^+]; \mu^+, \nu^+) = ([1,1,1,1];1,0) \tag{A.9}$$

$$\widetilde{r}^- = ([a^-, b^-, c^-, d^-]; \mu^-, \nu^-) = ([0,0,0,0];0,1) \tag{A.10}$$

A.3 三角模糊数基本理论

定义 A.6: 设有实数集 $\mathbf{R} = (-\infty, +\infty)$ 上的一个模糊数 $P = (l,m,u)$，其隶属度为

$$\mu_P(X) = \begin{cases} 0, x \leqslant l \\ \dfrac{x-l}{m-l}, l < x \leqslant m \\ \dfrac{x-u}{m-u}, m < x \leqslant u \\ 0, x > l \end{cases} \tag{A.11}$$

式中：$d, x \in \mathbf{R}^+, d > 1, l < m < u, l, m, u \in [1/d, 1] \cup [1, d]$，$l$ 和 u 分别为上界和下界，$u - l$ 越大，模糊程度越大。

定义 A.7：设 $P_1 = (l_1, m_1, u_1), P_2 = (l_2, m_2, u_2)$ 为三角模糊数，其运算法则满足

$$P_1 \oplus P_2 = (l_1 + l_2, m_1 + m_2, u_1 + u_2) \quad (A.12)$$

$$P_1 \otimes P_2 = (l_1 l_2, m_1 m_2, u_1 u_2) \quad (A.13)$$

$$P_1 / P_2 = (l_1 / l_2, m_1 / m_2, u_1 / u_2) \quad (A.14)$$

定义 A.8：设有三角模糊数 $P = (l, m, u)$，其中 $\alpha (0 < \alpha \leq 1)$ 表示专家组成员判断时的一致性系数，三角模糊数 P 的 α 截集定义为

$$P_\alpha = [l^\alpha, u^\alpha] = [(m - l)\alpha + l, -(u - m)\alpha + u] \quad (A.15)$$

A.4 区间直觉模糊集基本理论

A.4.1 直觉模糊集和区间直觉模糊集

定义 A.9：设 X 为一个非空有限集，称 $\widetilde{A}$ 为 X 中的直觉模糊集[77,79]：

$$\widetilde{A} = \{(x, \mu_{\widetilde{A}}(x), \nu_{\widetilde{A}}(x)) | x \in X\} \quad (A.16)$$

式中：$X \to [0,1], x \in X, \mu_{\widetilde{A}}(x) \in [0,1], \nu_{\widetilde{A}}(x) \in [0,1]$，$\mu_{\widetilde{A}}(x)$ 和 $\nu_{\widetilde{A}}(x)$ 满足条件 $0 \leq \mu_{\widetilde{A}}(x) + \nu_{\widetilde{A}}(x) \leq 1$。$\mu_{\widetilde{A}}(x)$ 和 $\nu_{\widetilde{A}}(x)$ 表示元素 x 对于 $\widetilde{A}$ 隶属度和非隶属度，$\pi_{\widetilde{A}}(x) = 1 - \mu_{\widetilde{A}}(x) - \nu_{\widetilde{A}}(x)$ 代表 x 对于 $\widetilde{A}$ 的一定程度的不确定性或犹豫度。

当直觉模糊集中的某些元素的隶属度不是精确定义的，而只在一个值范围内有一个近似的假设。对此，Atanassov 和 Gargov 将区间模糊集的概念推广到直觉模糊集。

定义 A.10：设 X 为一个非空有限集，$[0,1]$ 是一个全封闭的子区间，称 A 为 X 中的区间直觉模糊集[79]：

$$A = \{(x, \mu_A(x), \nu_A(x)) | x \in X\} \quad (A.17)$$

式中：$X \to [0,1], x \in X, \mu_A(x) = [\mu_A^L(x), \mu_A^U(x)] \subseteq [0,1], \nu_A(x) = [\nu_A^L(x), \nu_A^U(x)] \subseteq [0,1]$。对于 IVIFS(X) 中的每一个 x，计算它的犹豫度为 $\pi_A(x) = [\pi_A^L(x), \pi_A^U(x)] = [1 - \mu_A^U(x) - \nu_A^U(x), 1 - \mu_A^L(x) - \nu_A^L(x)] \subseteq [0,1]$。

定义 A.11：设 $\alpha = ([a_1, b_1], [c_1, d_1])$ 和 $\beta = ([a_2, b_2], [c_2, d_2])$ 为区间直觉模糊数（Interval-Valued Intuitionistic Fuzzy Number, IVIFN），$\widetilde{\Theta}$ 为 IVIFS 的论域，IVIFN 的基本集成算子由 Xu 和 Yager（2006）定义如下[273]：

$$\alpha \oplus \beta = ([a_1 + a_2 - a_1 a_2, b_1 + b_2 - b_1 b_2], [c_1 c_2, d_1 d_2]) \quad (A.18)$$

$$\alpha \otimes \beta = ([a_1 a_2, b_1 b_2], [c_1 + c_2 - c_1 c_2, d_1 + d_2 - d_1 d_2]) \quad (A.19)$$

$$\lambda\alpha = ([1-(1-a_1^\lambda), 1-(1-b_1^\lambda)], [c_1^\lambda, d_1^\lambda]) \quad (A.20)$$

$$\alpha^\lambda = ([a_1^\lambda, b_1^\lambda], [1-(1-c_1^\lambda), 1-(1-d_1^\lambda)]) \quad (A.21)$$

在现实生活中的问题,如模式识别、聚类和人工智能等领域,IVIFN 的排序是区间直觉模糊集应用过程中一个重要组成部分。然而,用于 IVIFN 排序的经典得分函数或准确度函数对信息计算存在某些缺陷[274]。因此,Nayagam 提出一种新的计算方法[274],不同于 Xu 和 Da[275] 提出的经典计算方法,如下所示。

定义 A.12:$\alpha = ([a,b],[c,d])$ 为一个 IVIFN,基于 α 的准确度函数 S 定义如下[274]:

$$s(\alpha) = \frac{(a+b)(1-\delta) + \delta(2-c-d)}{2} \quad (A.22)$$

式中:$\delta \in [0,1]$ 是一个反映决策者决策性格的参数,如乐观的决策者 $\delta = 1$,悲观的决策者 $\delta = 0$,一般取 $\delta = 1/2$。

$$s(\alpha) = \frac{2+a+b-c-d}{4} \quad (A.23)$$

对于任何两个可比较的 IVIFN A,B,如果 $A \leq B$,那么 $s(A) \leq s(B)$。

A.4.2 诱导广义区间值直觉模糊有序加权平均算子

Xu 和 Wang 提出诱导广义区间值直觉模糊有序加权平均算子(I-GIIFOWA)[122],其中有序的位置参数 $\tilde{\alpha}_i$ 取决于 u_i 的值。

定义 A.13:I-GIIFOWA 算子定义如下[122]:

$$\text{I-GIIFOWA}_w(\langle u_1, \tilde{\alpha}_1 \rangle, \langle u_2, \tilde{\alpha}_2 \rangle, \cdots, \langle u_n, \tilde{\alpha}_n \rangle) = \left(\sum_{j=1}^n w_j \tilde{\alpha}_{\sigma(j)}^\lambda \right)^{1/\lambda} =$$

$$\left(\left[\left(1 - \prod_{j=1}^n (1-\tilde{a}_{\sigma(j)}^\lambda)^{w_j}\right)^{1/\lambda}, \left(1 - \prod_{j=1}^n (1-\tilde{b}_{\sigma(j)}^\lambda)^{w_j}\right)^{1/\lambda} \right], \right.$$

$$\left. \left[1 - \left(1 - \prod_{j=1}^n (1-(1-c_{\sigma(j)})^\lambda)^{w_j}\right)^{1/\lambda}, 1 - \left(1 - \prod_{j=1}^n (1-(1-d_{\sigma(j)})^\lambda)^{w_j}\right)^{1/\lambda} \right] \right)$$

$$(A.24)$$

式中:$\lambda > 0$,$w = (w_1, w_2, \cdots, w_n)^T$ 是一个权重向量,$w_j \in [0,1]$,以及 $\sum_{j=1}^n w_j = 1$,u_i 为诱导变量,$\tilde{\alpha}_i = ([a_i,b_i],[c_i,d_i])$ 为一个 IVIFN,按 $\langle u_i, \tilde{\alpha}_i \rangle$ 中 u_i 的递减顺序重新排序。

I-GIIFOWA 算子具有交换性、幂等性、单调性和边界的属性①。关于 I-GIIFOWA 算子中诱导变量 u_i,如果 u_j 和 u_k 之间有一些关联关系(当 $j=k$),且关联顺序前后不同可能会获得不同的结果。为了解决这个问题,本书使用 Yager

---

① 这些属性的证明等请参阅文献[122]。

和 Filev[116] 所建议的方法,他们将关联 IOWA 替换为对各参数的平均水平。对于 I-GIIFOWA 的算子,广义平均数值取决于参数 λ。

A.4.3 区间直觉模糊集的熵

下面介绍熵相关的一些基本概念,并提出一种新的方法计算区间直觉模糊集的熵。

定理 A.1:实值函数 $\hat{E}$:IVIFS$(X) \rightarrow [0,1]$ 称为 IVIFS(X) 上的熵,如果满足下列基本要求[276]:

(1) $\hat{E}(A) = 0$,当且仅当 A 是一个经典集;

(2) $\hat{E}(A) = 1$,当且仅当 $[\mu_A^L(x), \mu_A^U(x)] = [\nu_A^L(x), \nu_A^U(x)] = [0,0]$;

(3) $\hat{E}(A) = \hat{E}(A^c)$;

(4) $\hat{E}(A) \geq \hat{E}(B)$,如果 A 模糊度小于 B,即 $A \subseteq B$,当 $\mu_A^L \leq \mu_B^L, \mu_A^U \leq \nu_B^U, \nu_A^L \leq \nu_B^L, \nu_A^U \leq \nu_B^U$。

根据定理 A.2,构建区间直觉模糊集的熵如下。

定义 A.14:对于每一个 $A \in$ IVIFS(X),则

$$E(A) = 1 - (\bar{\mu}_A(x) + \bar{\nu}_A(x)) \tan \frac{\pi}{4}(\bar{\mu}_A(x) + \bar{\nu}_A(x)) \quad (A.25)$$

称为 IVIFS 上的熵,其中 $\bar{\mu}_A(x) = \mu_A^L(x) + \rho(\mu_A^U(x) - \mu_A^L(x))$,$\bar{\nu}_A(x) = \nu_A^L(x) + \rho(\nu_A^U(x) - \nu_A^L(x))$,$\rho \in (0,1)$。

定理 A.2:$E(A)$ 为 IVIFS(X) 上的熵。

证明:为了证明定义 A.14 为区间直觉模糊熵,它必须满足定理 A.2 中的条件(1)~(4)。

(1) 对于 $\Leftarrow$:,A 是一个经典集。$\mu_A^L(x) = \mu_A^U(x), \nu_A^L(x) = \nu_A^U(x), \bar{\mu}_A^U(x) + \bar{\nu}_A^U(x) = 1$,则 $E(A) = 0$。

对于 $\Rightarrow$:,假设 A 不是一个经典集。由 $0 < \mu_A^U(x) + \nu_A^U(x) \leq 1$,则 $0 < \mu_A^L(x) + \nu_A^L(x) < 1$。根据 $\rho \in (0,1)$,它满足 $0 < \bar{\mu}_A(x) + \bar{\nu}_A(x) < 1$。因此,$0 < (\bar{\mu}_A(x) + \bar{\nu}_A(x)) \tan \frac{\pi}{4}(\bar{\mu}_A(x) + \bar{\nu}_A(x)) < 1$,即 $0 < E(A) < 1$,这与假设矛盾。因此,A 是一个经典集。

(2) 对于 $\Leftarrow$:证明比较容易。

对于 $\Rightarrow$:从 $E(A) = 1$,易知 $(\bar{\mu}_A(x) + \bar{\nu}_A(x)) \tan \frac{\pi}{4}(\bar{\mu}_A(x) + \bar{\nu}_A(x)) = 0$。假设 $0 < \mu_A^U(x) + \nu_A^U(x) \leq 1$。根据 $\rho \in (0,1)$,它满足 $0 < \bar{\mu}_A^U(x) + \bar{\nu}_A^U(x) \leq 1$,即 $0 < (\bar{\mu}_A(x) + \bar{\nu}_A(x)) \tan \frac{\pi}{4}(\bar{\mu}_A(x) + \bar{\nu}_A(x)) \leq 1$,出现矛盾。所以 $\mu_A^U(x) + \nu_A^U(x) =$

0,即 $\mu_A^U = \nu_A^U = 0, \mu_A^L = \nu_A^L = 0$,则 $[\mu_A^L(x), \mu_A^U(x)] = [\nu_A^L(x), \nu_A^U(x)] = [0,0]$。

(3) 因为 $A^C = \{(\nu_A(x), \mu_A(x)) | x \in X\}$,根据 $E(A)$ 的定义(式(A.25)),易知 $E(A) = E(A^C)$。

(4) 令 $\mu_A^L(x) \leq \mu_B^L(x), \mu_A^U(x) \leq \nu_B^U(x), \nu_A^L(x) \leq \nu_B^L(x), \nu_A^U(x) \leq \nu_B^U(x), \rho \in (0,1)$,得到 $\rho(\mu_B^U(x) - \mu_A^U(x)) + (1-\rho)(\mu_B^L(x) - \mu_A^L(x)) \geq 0$。因此,$\mu_B^L(x) + \rho(\mu_B^U(x) - \mu_B^L(x)) \geq \mu_A^L(x) + \rho(\mu_A^U(x) - \mu_A^L(x))$,所以得到 $\bar{\mu}_B(x) \geq \bar{\mu}_A(x)$。类似地,可以获得条件 $\bar{\nu}_B(x) \geq \bar{\nu}_A(x)$。如果令 $\bar{\mu}_B(x) + \bar{\nu}_B(x) \geq \bar{\mu}_A(x) + \bar{\nu}_A(x)$,可以进一步得到 $\bar{\mu}_B(x) + \bar{\nu}_B(x) \tan \frac{\pi}{4}(\bar{\mu}_B(x) + \bar{\nu}_B(x)) \geq \bar{\mu}_A(x) + \bar{\nu}_A(x) \tan \frac{\pi}{4}(\bar{\mu}_A(x) + \bar{\nu}_A(x))$。由 $E(A)$ 的定义,进一步得到 $E(A) \geq E(B)$。

A.4.4　区间直觉模糊集的交叉熵

与 Shang、Jiang[277] 和 Ye[278-279] 的定义类似,本书给出区间直觉模糊集的模糊交叉熵的定义。首先给出区间直觉模糊集隶属度函数。

定义 A.15:设 $\alpha(x) = ([\mu_\alpha^L(x), \mu_\alpha^U(x)], [\nu_\alpha^L(x), \nu_\alpha^U(x)])$ 为非空集合 X 论域中的 IVIFS,其隶属度函数定义为

$$\phi_\alpha(x) = \frac{\kappa}{2\kappa+2}(\mu_\alpha^L(x) + \mu_\alpha^U(x)) \frac{1}{2\kappa+2}(2 - \nu_\alpha^L(x) - \nu_\alpha^U(x)) \quad (A.26)$$

式中:κ 为隶属度系数(即 κ 值越小,表示对 $\alpha(x)$ 初始的隶属度更大的偏好)。在这里指定 $\kappa = 1$,因此得

$$\phi_\alpha(x) = \frac{\mu_\alpha^L(x) + \mu_\alpha^U(x) + 2 - \nu_\alpha^L(x) - \nu_\alpha^U(x)}{4} \quad (A.27)$$

其次给出区间直觉模糊集上的交叉熵定义。

定义 A.16:设 α 和 β 为非空集合 X 论域中的 IVIFS,α 与 β 之间的信息差量为[278]

$$D(\alpha,\beta) = \phi_\alpha(x) \ln \frac{2\phi_\alpha(x)}{\phi_\alpha(x) + \phi_\beta(x)} + (1 - \phi_\alpha(x)) \ln \frac{2(1 - \phi_\alpha(x))}{2 - (\phi_\alpha(x) + \phi_\beta(x))}$$

$$(A.28)$$

式中:$D(\alpha,\beta)$ 称为区间直觉模糊集上的一个模糊交叉熵。当 $\phi_\alpha(x) = \phi_\beta(x)$ 时,$D(\alpha,\beta) = 0$。由式(A.27)得,区间直觉模糊集上的模糊交叉熵 α 和 β 定义如下:

$$D(\alpha,\beta) = \frac{2 + \hat{\mu}_\alpha(x) - \hat{\nu}_\alpha(x)}{4} \times \ln \frac{2(2 + \hat{\mu}_\alpha(x) - \hat{\nu}_\alpha(x))}{4 + \hat{\mu}_\alpha(x) - \hat{\nu}_\alpha(x) + \hat{\mu}_\beta(x) - \hat{\nu}_\beta(x)} +$$

$$\frac{2 + \hat{\nu}_\alpha(x) - \hat{\mu}_\alpha(x)}{4} \times \ln \frac{2(2 + \hat{\nu}_\alpha(x) - \hat{\mu}_\alpha(x))}{4 + \hat{\nu}_\alpha(x) - \hat{\mu}_\alpha(x) + \hat{\nu}_\beta(x) - \hat{\mu}_\beta(x)} \quad (A.29)$$

式中：$\hat{\mu}_\alpha(x) = \mu_\alpha^L(x) + \mu_\alpha(x)$，$\hat{v}_\alpha(x) = v_\alpha^L(x) - v_\alpha^U(x)$，$\hat{\mu}_\beta(x) = \mu_\beta^L(x) + \mu_\beta(x)$，$\hat{v}_\beta(x) = v_\beta^L(x) - v_\beta^U(x)$。

因为 $D(\alpha,\beta)$ 不是对称的，将其进一步修改为对称交叉熵。

定义 A.17：设 α 和 β 为非空集合 X 论域中的 IVIFS，区间直觉模糊集的对称交叉熵 α 和 β 定义如下：

$$S(\alpha,\beta) = D(\alpha,\beta) + D(\beta,\alpha) \tag{A.30}$$

值得注意的是：α 和 β 之间差别越大，$S(\alpha,\beta)$ 的值越大，反之亦然。此外，当 α 与 β 属于直觉模糊集时，$S(\alpha,\beta)$ 退化为直觉模糊类型定义。

设 A 和 B 是两个区间直觉模糊集，A 和 B 之间的差异由下面的交叉熵定义。

定义 A.18：设 $A, B \in \text{IVIFS}(X)$，A 和 B 之间的差异由下式定义的交叉熵度量：

$$E_{\text{cross}} = |f_A - f_B| = S(A,B) \tag{A.31}$$